安全生产红线意识法制宣传教育系列

《非煤矿山企业安全生产十条规定》宣传教育读本之金属非金属尾矿库

主　　编　黄　萍

副 主 编　张永亮　葛　及

参编人员　彭先艳　杨裕明　赖永生

徐晶晶　陈　煜　高　岱

中国劳动社会保障出版社

图书在版编目(CIP)数据

《非煤矿山企业安全生产十条规定》宣传教育读本之金属非金属尾矿库/黄萍主编. —北京：中国劳动社会保障出版社，2016

（安全生产红线意识法制宣传教育系列）

ISBN 978-7-5167-2326-5

Ⅰ.①非… Ⅱ.①黄… Ⅲ.①矿山安全-安全生产-学习参考资料 Ⅳ.①TD7

中国版本图书馆 CIP 数据核字(2016)第 040343 号

中国劳动社会保障出版社出版发行

（北京市惠新东街 1 号 邮政编码：100029）

*

北京金明盛印刷有限公司印刷装订 新华书店经销

850 毫米×1168 毫米 32 开本 4.625 印张 109 千字

2016 年 3 月第 1 版 2016 年 3 月第 1 次印刷

定价：18.00 元

读者服务部电话：（010） 64929211/64921644/84626437

营销部电话：（010） 64961894

出版社网址：http://www.class.com.cn

内容简介

2014年6月20日，国家安全生产监督管理总局第67号令，颁布实施《非煤矿山企业安全生产十条规定》。《非煤矿山企业安全生产十条规定》着力解决当前非煤矿山企业生产安全的突出问题和隐患，是非煤矿山企业保障安全生产的红线。

本书针对《非煤矿山企业安全生产十条规定》的金属非金属尾矿库部分中的每一条单独设章，每章分为规定解读、法律依据、知识拓展、案例适用四部分。“规定解读”部分是对规定的详细解释；“法律依据”部分是《安全生产法》及现行相关安全法律法规标准中与规定相关的条款；“知识拓展”部分以问答的形式回答了与规定内容相关的、读者可能产生疑惑的问题，加深了读者对规定的理解；“案例适用”部分分为事故经过、事故分析、事故教训三部分，通过对案例的详细说明，使读者对规定有更加深刻的理解。

本书版式设计新颖活泼，漫画配图直观生动，可作为政府安全生产监督管理部门、企业开展安全生产法制宣传教育工作，生产经营单位负责人、安全管理人员、普通职工学习《非煤矿山企业安全生产十条规定》的普及性学习读物。

前言

俗话说，“没有规矩，不成方圆”。法律法规可以有效建立社会秩序，规范人们的行为，是保障社会正常运行的基础。而安全生产法律法规的有效实施是保障生产安全的前提和基础。根据对全国每年上百万起事故原因进行的分析表明，95%以上的事故是由于违反安全生产法律、行政法规、部门规章、安全生产标准等而导致的。抓好安全生产法律法规的宣传普及和培训工作，对政府安全监管执法部门、企业安全生产管理人员的管理，以及企业职工的安全生产实践具有非常重要的意义。

为了企业更好地进行安全生产法律法规的宣传普及和培训工作，中国劳动社会保障出版社特组织编写了这套“安全生产红线意识法制宣传教育系列”丛书。

本套丛书具有权威性、针对性、拓展性的特点。本套丛书的作者均为安全生产领域的专家学者，在高校或科研机构常年从事安全生产相关课程的教学和科研工作，并经常为企业职工进行安全生产教育培训，对安全生产法律法规知识有全面深入的理解，并对企业安全管理人员和广大职工的法律法规知识的薄弱环节有一定了解。本套丛书针对法律法规的具体条文，站在企业安全管理人员和广大职工的角度，以问答的形式对法条进行详细解释。本套丛书问答中的设问，不仅是对法律条文字面的解释，还有对相关知识的拓展，力求读者全面深入了解法律条文的规定。本套丛书还增加了部分案例和资料性内容，以加深读者对法律条文的理解。

本套丛书有：《突发事件应对法》宣传教育读本、《消防法》宣传教育读本、《特种设备安全法》宣传教育读本、《职业病防治法》宣传教育读本、《工伤保险条例》宣传教育读本、《生产安全事故报告和调查处理条例》宣传教育读本、《煤矿矿长保护矿工生命安全七条规定》宣传教育读本、《烟花爆竹企业保障生产安全十条规定》宣传教育读本、《化工（危险化学品）企业保障生产安全十条规定》宣传教育读本、《非煤矿山企业安全生产十条规定》宣传教育读本之金属非金属地下矿山企业、《非煤矿山企业安全生产十条规定》宣传教育读本之金属非金属露天矿山企业、《非煤矿山企业安全生产十条规定》宣传教育读本之金属非金属尾矿库、《非煤矿山企业安全生产十条规定》宣传教育读本之陆上石油天然气开采企业、《非煤矿山企业安全生产十条规定》宣传教育读本之海洋石油天然气开采企业、《严防企业粉尘爆炸五条规定》宣传教育读本、《隧道施工安全九条规定》宣传教育读本、《有限空间安全作业五条规定》宣传教育读本、《企业安全生产风险公告六条规定》宣传教育读本、《劳动密集型加工企业安全生产八条规定》宣传教育读本、《企业安全生产应急管理九条规定》宣传教育读本、《用人单位职业病危害防治八条规定》宣传教育读本、《强化煤矿瓦斯防治十条规定》宣传教育读本、《油气罐区防火防爆十条规定》宣传教育读本，共23分册。

本套丛书内容通俗易懂，图文并茂，可作为企业安全生产管理人员和广大职工的培训教材，也可供想了解安全生产法律法规的人员学习使用。

目录

国家安全生产监督管理总局令

第 67 号

《非煤矿山企业安全生产十条规定》已经 2014 年 6 月 17 日国家安全生产监督管理总局局长办公会议审议通过，现予公布，自公布之日起施行。

2014 年 6 月 20 日

非煤矿山企业安全生产十条规定

三、金属非金属尾矿库

1. 必须证照齐全有效，安全生产责任制落实，配备专（兼）职安全技术人员。

2. 必须确保全员培训合格，“三项岗位人员”持证上岗。

3. 必须按设计放矿、筑坝，确保坝体稳定性、安全超高、干滩长度、浸润线埋深符合要求。

4. 必须确保排洪、排渗设施设计规范、建设达标、运行可靠。

5. 必须建立监测监控系统并有效运行，落实定期巡查和值班值守制度。

6. 必须限期消除病库安全隐患，严禁危库、险库生产运行。

7. 必须加强“头顶库”安全管理。

8. 必须按设计及时闭库。

9. 必须加强闭库和回采安全管理。

10. 必须建立应急联动机制，确保应急装备和物资及应急演练到位。

一、必须证照齐全有效，安全生产责任制落实，配备专（兼）职安全技术人员

【规定解读】

尾矿库生产经营单位除应有矿山企业设立所需的采矿许可证、

土地使用证等相关证照外，还应取得独立的尾矿库安全生产许可证。证照不全或不在有效期的，不得生产。

尾矿库生产经营单位（以下简称生产经营单位）应当建立健全尾矿库安全生产责任制，建立健全安全生产规章制度和安全技术操作规程，对尾矿库实施有效的安全管理。生产经营单位必须据此规定，按照“一岗双责”“管业务必须管安全、管生产经营必须管安全”的原则，建立健全覆盖所有管理和操作岗位的安全生产责任制，明确企业所有人员在安全生产方面所应承担的职责，并建立配套的考核机制，确保安全生产责任制落实到位。

生产经营单位必须按照《国家安全监管总局等七部门关于印发深入开展尾矿库综合治理行动方案的通知》（安监总管一〔2013〕58 号）要求，强化作业人员技能培训，加强尾矿库技术管理，每座尾矿库至少配备 1 名熟悉尾矿库相关业务的专（兼）职安全技术管理人员。

【法律依据】

依据 1 《尾矿库安全监督管理规定》第四条规定：尾矿库生产经营单位（以下简称生产经营单位）应当建立健全尾矿库安全生产责任制，建立健全安全生产规章制度和安全技术操作规程，对尾矿库实施有效的安全管理。

依据 2 《尾矿库安全监督管理规定》第五条规定：生产经营单位应当保证尾矿库具备安全生产条件所必需的资金投入，建立相应的安全管理机构或者配备相应的安全管理人员、专业技术人员。

依据 3 《尾矿库安全监督管理规定》第六条规定：生产经营单位主要负责人和安全管理人员应当依照有关规定经培训考核合格并取得安全资格证书。

直接从事尾矿库放矿、筑坝、巡坝、排洪和排渗设施操作的作业人员必须取得特种作业操作证书，方可上岗作业。

依据 4 《尾矿库安全监督管理规定》第十条规定：尾矿库的勘察单位应当具有矿山工程或者岩土工程类勘察资质。设计单位应当具有金属非金属矿山工程设计资质。安全评价单位应当具有尾矿库评价资质。施工单位应当具有矿山工程施工资质。施工监理单位应当具有矿山工程监理资质。

尾矿库的勘察、设计、安全评价、施工、监理等单位除符合前款规定外，还应当按照尾矿库的等别符合下列规定：

（一）一等、二等、三等尾矿库建设项目，其勘察、设计、安全评价、监理单位具有甲级资质，施工单位具有总承包一级或者特级资质；

（二）四等、五等尾矿库建设项目，其勘察、设计、安全评价、监理单位具有乙级或者乙级以上资质，施工单位具有总承包三级或者三级以上资质，或者专业承包一级、二级资质。

依据 5 《中华人民共和国安全生产法》第四条规定：生产经营单位必须遵守本法和其他有关安全生产的法律、法规，加强安全生产管理，建立、健全安全生产责任制和安全生产规章制度，改善安全生产条件，推进安全生产标准化建设，提高安全生产水平，确保安全生产。

依据 6 《中华人民共和国安全生产法》第十七条规定：生产经营单位应当具备本法和有关法律、行政法规和国家标准或者行业标准规定的安全生产条件；不具备安全生产条件的，不得从事生产经营活动。

依据 7 《中华人民共和国安全生产法》第十八条规定：生产经营单位的主要负责人对本单位安全生产工作负有下列职责：

（一）建立、健全本单位安全生产责任制；

（二）组织制定本单位安全生产规章制度和操作规程；

（三）组织制定并实施本单位安全生产教育和培训计划；

（四）保证本单位安全生产投入的有效实施；

（五）督促、检查本单位的安全生产工作，及时消除生产安全事故隐患；

（六）组织制定并实施本单位的生产安全事故应急救援预案；

（七）及时、如实报告生产安全事故。

依据 8　《中华人民共和国安全生产法》第十九条规定：生产经营单位的安全生产责任制应当明确各岗位的责任人员、责任范围和考核标准等内容。

生产经营单位应当建立相应的机制，加强对安全生产责任制落实情况的监督考核，保证安全生产责任制的落实。

依据 9　《中华人民共和国安全生产法》第二十一条规定：矿山、金属冶炼、建筑施工、道路运输单位和危险物品的生产、经营、储存单位，应当设置安全生产管理机构或者配备专职安全生产管理人员。

前款规定以外的其他生产经营单位，从业人员超过一百人的，应当设置安全生产管理机构或者配备专职安全生产管理人员；从业人员在一百人以下的，应当配备专职或者兼职的安全生产管理人员。

依据 10　《中华人民共和国安全生产法》第二十四条规定：生产经营单位的主要负责人和安全生产管理人员必须具备与本单位所从事的生产经营活动相应的安全生产知识和管理能力。

危险物品的生产、经营、储存单位以及矿山、金属冶炼、建筑施工、道路运输单位的主要负责人和安全生产管理人员，应当由主管的负有安全生产监督管理职责的部门对其安全生产知识和管理能力考核合格。考核不得收费。

危险物品的生产、储存单位以及矿山、金属冶炼单位应当有注册安全工程师从事安全生产管理工作。鼓励其他生产经营单位聘用注册安全工程师从事安全生产管理工作。注册安全工程师按专业分类管理，具体办法由国务院人力资源和社会保障部门、国务院安全生产监督管理部门会同国务院有关部门制定。

依据 11　《中华人民共和国安全生产法》第九十四条规定：生产经营单位有下列行为之一的，责令限期改正，可以处五万元以下的罚款；逾期未改正的，责令停产停业整顿，并处五万元以上十万元以下的罚款，对其直接负责的主管人员和其他直接责任人员处一万元以上二万元以下的罚款：

（一）未按照规定设置安全生产管理机构或者配备安全生产管理人员的；

（二）危险物品的生产、经营、储存单位以及矿山、金属冶炼、建筑施工、道路运输单位的主要负责人和安全生产管理人员未按照规定经考核合格的；

（三）未按照规定对从业人员、被派遣劳动者、实习学生进行安全生产教育和培训，或者未按照规定如实告知有关的安全生产事项的；

（四）未如实记录安全生产教育和培训情况的；

（五）未将事故隐患排查治理情况如实记录或者未向从业人员通报的；

（六）未按照规定制定生产安全事故应急救援预案或者未定期组织演练的；

（七）特种作业人员未按照规定经专门的安全作业培训并取得相应资格，上岗作业的。

依据 12　《中华人民共和国安全生产法》第九十六条规定：生产经营单位有下列行为之一的，责令限期改正，可以处五万元以下的罚款；逾期未改正的，处五万元以上二十万元以下的罚款，对其直接负责的主管人员和其他直接责任人员处一万元以上二万元以下的罚款；情节严重的，责令停产停业整顿；构成犯罪的，依照刑法有关规定追究刑事责任：

（一）未在有较大危险因素的生产经营场所和有关设施、设备上设置明显的安全警示标志的；

（二）安全设备的安装、使用、检测、改造和报废不符合国家标准或者行业标准的；

（三）未对安全设备进行经常性维护、保养和定期检测的；

（四）未为从业人员提供符合国家标准或者行业标准的劳动防护用品的；

（五）危险物品的容器、运输工具，以及涉及人身安全、危险性较大的海洋石油开采特种设备和矿山井下特种设备未经具有专业资质的机构检测、检验合格，取得安全使用证或者安全标志，投入使用的；

（六）使用应当淘汰的危及生产安全的工艺、设备的。

依据 13 《中华人民共和国安全生产法》第一百零八条规定：生产经营单位不具备本法和其他有关法律、行政法规和国家标准或者行业标准规定的安全生产条件，经停产停业整顿仍不具备安全生产条件的，予以关闭；有关部门应当依法吊销其有关证照。

依据 14 《尾矿库安全技术规程》（AQ 2006—2005）第6.1.1条规定：建立健全尾矿设施安全管理制度；对从事尾矿库作业的尾矿工进行专门的作业培训，并监督其取得特种作业人员操作资格证书和持证上岗情况。

依据 15 《金属非金属矿山安全标准化规范　尾矿库实施指南》（AQ 2007.4—2006）第3.3.1.1条规定：企业应按照安全生产法律法规的要求设置安全生产管理机构或配备专职安全生产管理

人员。

依据16 《金属非金属矿山安全标准化规范 尾矿库实施指南》（AQ 2007.4—2006）第3.4.1.1条规定：企业应建立尾矿库所有岗位的安全生产责任制，明确主要负责人、管理人员和各岗位作业人员的安全生产责任。

【知识拓展】

问题1：非煤矿矿山企业要取得安全生产许可证，须具备哪些安全生产条件？

答：非煤矿矿山企业要取得安全生产许可证，要具备下列安全生产条件：

1. 建立健全主要负责人、分管负责人、安全生产管理人员、职能部门、岗位安全生产责任制；制定安全检查制度、职业危害预防制度、安全教育培训制度、生产安全事故管理制度、重大危险源监控和重大隐患整改制度、设备安全管理制度、安全生产档案管理制度、安全生产奖惩制度等规章制度；制定作业安全规程和各工种操作规程。

2. 安全投入符合安全生产要求，依照国家有关规定足额提取安全生产费用，缴纳并专户存储安全生产风险抵押金。

3. 设置安全生产管理机构，或者配备专职安全生产管理人员。

4. 主要负责人和安全生产管理人员经安全生产监督管理部门考核合格，取得安全资格证书。

5. 特种作业人员经有关业务主管部门考核合格，取得特种作业操作资格证书。

6. 其他从业人员依照规定接受安全生产教育和培训，并经考试合格。

7. 依法参加工伤保险，为从业人员缴纳保险费。

8. 制定防治职业危害的具体措施，并为从业人员配备符合国家标准或者行业标准的劳动防护用品。

9. 新建、改建、扩建工程项目依法进行安全评价，其安全设施经安全生产监督管理部门验收合格。

10. 危险性较大的设备、设施按照国家有关规定进行定期检测检验。

11. 制定事故应急救援预案，建立事故应急救援组织，配备必要的应急救援器材、设备；生产规模较小可以不建立事故应急救援组织的，应当指定兼职的应急救援人员，并与邻近的矿山救护队或者其他应急救援组织签订救护协议。

12. 符合有关国家标准、行业标准规定的其他条件。

问题 2：尾矿库生产经营单位要申请领取安全生产许可证，需要提交哪些文件和资料？

答：尾矿库生产经营单位要申请领取安全生产许可证，需要提交的文件和资料有：

1. 安全生产许可证申请书。

2. 工商营业执照复印件。

3. 各种安全生产责任制复印件。

4. 安全生产规章制度和操作规程目录清单。

5. 设置安全生产管理机构或者配备专职安全生产管理人员文件的复印件。

6. 主要负责人和安全生产管理人员安全资格证书复印件。

7. 特种作业人员操作资格证书复印件。

8. 足额提取安全生产费用、缴纳并存储安全生产风险抵押金的证明材料。

9. 为从业人员缴纳工伤保险费的证明材料；因特殊情况不能办理工伤保险的，可以出具办理安全生产责任保险或者雇主责任保险的证明材料。

10. 危险性较大的设备、设施由具备相应资质的检测检验机构出具合格的检测检验报告。

11. 事故应急救援预案，设立事故应急救援组织的文件或者与矿山救护队、其他应急救援组织签订的救护协议。

12. 矿山建设项目安全设施经安全生产监督管理部门验收合格的证明材料。

问题3：尾矿库生产经营单位安全生产许可证的有效期为几年？如果需要延期，应该如何办理延期手续？

答：尾矿库生产经营单位安全生产许可证的有效期为3年。安全生产许可证有效期满后需要延期的，应当在安全生产许可证有效期满前3个月内向原安全生产许可证颁发管理机关申请办理延期手续，并提交延期申请书、安全生产许可证正本和副本、《非煤矿矿山企业安全生产许可证实施办法》第二章规定的相应文件、资料。

尾矿库还应当提交由具备相应资质的中介服务机构出具的合格的安全现状评价报告。

尾矿库在提出延期申请之前6个月内经考评合格达到安全标准化等级的，可以不提交安全现状评价报告，但需要提交安全标准化等级的证明材料。

安全生产许可证颁发管理机关应当依照《非煤矿矿山企业安全生产许可证实施办法》中的第十六条、第十七条的规定，对非煤矿山企业提交的材料进行审查，并做出是否准予延期的决定。决定准予延期的，应当收回原安全生产许可证，换发新的安全生产许可证；决定不准予延期的，应当书面告知申请人并说明理由。

问题4：非煤矿山企业在何种情况下，会被责令停止生产，没收违法所得，并处10万元以上50万元以下的罚款？

答：非煤矿山企业有下列行为之一的，责令停止生产，没收违法所得，并处10万元以上50万元以下的罚款：

1. 未取得安全生产许可证，擅自进行生产的。

2. 接受转让的安全生产许可证的。

3. 冒用安全生产许可证的。

4. 使用伪造的安全生产许可证的。

问题5：安全生产责任落实主要是指什么？

答：安全生产责任落实主要是指尾矿库生产经营单位（以下简称生产经营单位）应当建立健全尾矿库安全生产责任制，建立健全安全生产规章制度和安全技术操作规程，对尾矿库实施有效的安全管理。生产经营单位必须据此规定，按照“一岗双责”“管业务必须管安全、管生产经营必须管安全”的原则，建立健全覆盖所有管理和操作岗位的安全生产责任制，明确企业所有人员在安全生产方面所应承担的职责，并建立配套的考核机制，确保责任制落实到位。

【案例适用】

案例1　辽宁鞍山鼎洋矿业有限公司尾矿库“11·25”溃坝事故

（一）事故经过

2007年11月25日5:50左右，辽宁省鞍山市海城西洋鼎洋矿业有限公司选矿厂5号尾矿库发生溃坝事故，致使约54万m^3尾矿下泄，造成该库下游约2 km处的甘泉镇向阳寨村部分房屋被冲毁，13人死亡，3人失踪，39人受伤（其中4人重伤）。

（二）事故分析

1. 直接原因

海城西洋鼎洋矿业有限公司擅自加高坝体，改变坡比，严重违反原设计，造成坝体超高，边坡过陡，超过极限平衡，致使5号库南坝体最大坝高处坝体失稳，引发深层滑坡溃坝。这违反了《尾矿库安全监督管理规定》第十三条的规定："严禁未经设计并审查批准擅自加高尾矿库坝体。"

2. 间接原因

（1）设计单位中冶北方工程技术有限公司矿山设计研究所无设计资质，却以中冶北方公司的设计资质承揽设计；在未签外聘合同的情况下组织外单位人员设计；在未做施工图设计和缺少验收条件的情况下在工程验收单上盖章。违反了《尾矿库安全监督管理规定》第十条的规定："尾矿库的勘察单位应当具有矿山工程或者岩土工程类勘察资质。设计单位应当具有金属非金属矿山工程设计资质。安全评价单位应当具有尾矿库评价资质。施工单位应当具有矿山工程施工资质。施工监理单位应当具有矿山工程监理资质。"

尾矿库的勘察、设计、安全评价、施工、监理等单位除符合前款规定外，还应当按照尾矿库的等别符合下列规定：

①一等、二等、三等尾矿库建设项目，其勘察、设计、安全评价、监理单位具有甲级资质，施工单位具有总承包一级或者特级资质；

②四等、五等尾矿库建设项目，其勘察、设计、安全评价、监理单位具有乙级或者乙级以上资质，施工单位具有总承包三级或者三级以上资质，或者专业承包一级、二级资质。

（2）施工单位甘泉建筑工程有限公司未与建设单位签订合同，以劳务合作形式提供20余人的施工人员，施工机械全部由建设单位提供，却在工程验收单施工单位上盖章。违反了《尾矿库安全监督管理规定》第九条的规定："尾矿库建设项目包括新建、改建、扩建以及回采、闭库的尾矿库建设工程。尾矿库建设项目安全设施设计审查与竣工验收应当符合有关法律、行政法规的规定。"

（3）鞍山金石工程建设监理中心未与建设单位签订监理合同，未对二期工程进行有效的监理。违反了《尾矿库安全监督管理规定》第四条的规定：“尾矿库生产经营单位（以下简称生产经营单位）应当建立健全尾矿库安全生产责任制，建立健全安全生产规章制度和安全技术操作规程，对尾矿库实施有效的安全管理。”

（4）沈阳奥思特安全技术服务有限公司负责竣工验收评价，在没有施工记录、竣工报告、竣工图和监理报告的情况下，做出了该尾矿库是正常库、具备安全生产条件的评价结论。违反了《尾矿库安全监督管理规定》第十四条的规定：“尾矿库施工应当执行有关法律、行政法规和国家标准、行业标准的规定，严格按照设计施工，确保工程质量，并做好施工记录。生产经营单位应当建立尾矿库工程档案和日常管理档案，特别是隐蔽工程档案、安全检查档案和隐患排查治理档案，并长期保存。”

（5）该尾矿库二期工程 11 月 6 日取得安全生产许可证，11 月 25 日即发生溃坝事故。违反了《非煤矿山企业安全生产许可证实施办法》第三十三条的规定：“安全生产监督管理部门应当严格按照有关法律、行政法规、国家标准、行业标准以及本规定要求和‘分级属地’的原则，进行尾矿库建设项目安全设施设计审查；不符合规定条件的，不得批准。审查不得收取费用。”

（三）事故教训

1. 相关监管部门，对于没有正规设计，或设计中没有明确设计总库容、最终堆积高度、初期坝和堆积坝、排洪系统等内容及基本参数，或不按照设计要求施工的建设项目，不得通过审查和验收，不得颁发安全生产许可证，尾矿库一律不得投入生产和使用。对于未依法取得安全生产许可证的尾矿库，一律不得生产运行，限期整改；经整改仍不具备安全生产条件的，提请地方政府依法关闭，安全监管部门要按《尾矿库安全监督管理规定》和《尾矿库安全技术规程》(AQ 2006—2005)的有关规定履行闭库手续。对已颁证的尾矿库企业要加强检查，凡出现因放松安全生产管理而导致达不到安全生产条件的，要责令其立即停产整改，暂扣安全生产许可证，待整改合格验收后方能恢复生产。

2. 严禁相关中介机构不负责任、严重失误、弄虚作假等行为的出现，严格执行与贯彻追责制度，加大处罚力度。

3. 尾矿库的新建、改建、扩建、回采、闭库等，必须严格按照国家相关法规、标准和程序执行。未设计或无资质设计的尾矿库项目，一律不得投入生产和使用；必须严格按设计图纸组织施工，严格执行设计变更程序，严禁违规建设施工；严格按照设计和相关规程组织生产，有计划地进行尾砂排放，严禁超能力生产、超期服役和带病运营；配备合格的安全技术人员，严禁无证上岗，做到机构、人员、资金、培训和管理五落实。

总之，企业与监管部门以及中介机构要摆正安全与效益、安全与生产的关系，落实各自的安全责任。

案例2 广西南丹县大厂镇鸿图选矿厂尾矿库重大垮坝事故

(一) 事故经过

2000年10月18日上午9:50，广西南丹县大厂镇鸿图选矿厂尾矿库发生重大垮坝事故，共造成28人死亡，56人受伤，70间房屋不同程度毁坏，直接经济损失340万元。

(二) 事故分析

1. 直接原因

(1) 尾矿库的选址没有进行安全认证，尾矿库也没有进行正规设计，基础坝不透水，在其建成后未经安全验收就投入了使用，基础坝与后期堆积坝之间形成一个抗剪能力极低的滑动面。

(2) 尾矿库库容太小，服务年限短，与选矿处理量严重不配套，且尾矿水澄清距离短，为了达到环保排放要求，库内冒险高位储水，干滩长度不够，致使坝内尾砂含水饱和、坝面沼泽化，坝体始终处于浸泡状态而得不到固结，最终因承受不住巨大的压力而沿着基础坝与后期堆积坝之间的滑动面垮塌。

以上 2 点违反了《尾矿库安全监督管理规定》中的第九条、第十一条、第十二条、第十六条、第十七条的规定：

第九条 尾矿库建设项目包括新建、改建、扩建以及回采、闭库的尾矿库建设工程。尾矿库建设项目安全设施设计审查与竣工验收应当符合有关法律、行政法规的规定。

第十一条 尾矿库建设项目应当进行安全设施设计，对尾矿库库址及尾矿坝稳定性、尾矿库防洪能力、排洪设施和安全观测设施的可靠性进行充分论证。

第十二条 尾矿库库址应当由设计单位根据库容、坝高、库区地形条件、水文地质、气象、下游居民区和重要工业构筑物等情况，经科学论证后，合理确定。

第十六条 尾矿库建设项目安全设施试运行应当向安全生产监督管理部门书面报告，试运行时间不得超过 6 个月，且尾砂排放不得超过初期坝坝顶标高。试运行结束后，建设单位应当组织安全设施竣工验收，并形成书面报告备查。安全生产监督管理部门应当加强对建设单位验收活动和验收结果的监督核查。

第十七条 尾矿库建设项目安全设施经验收合格后，生产经营单位应当及时按照《非煤矿山企业安全生产许可证实施办法》的有关规定，申请尾矿库安全生产许可证。未依法取得安全生产许可证的尾矿库，不得投入生产运行。生产经营单位在申请尾矿库安全生产许可证时，对于验收申请时已提交的符合颁证条件的文件、资料可以不再提交；安全生产监督管理部门在审核颁发安全生产许可证时，可以不再审查。

2. 间接原因

（1）企业方面

①在进行尾矿库建设时严重违反基本建设程序，没能及时发现隐患。

②急功近利，降低安全投入，超量排放尾砂，人为使库内蓄水增多。

③由于是综合选矿厂，尾矿砂的平均粒径只有 0.07～0.4 mm。尾砂粒径过小，导致透水性差，不易固结。

④安全生产责任制不落实，安全生产责任不清楚，业主、从业人员都没有经过专业培训，员工的素质较低，法律意识和安全意识淡薄，仅凭经验办事。

⑤监管不力，没有认真把好审批关，没能及时发现隐患。

违反了《中华人民共和国安全生产法》中的第四条、第十七条、第十八条、第十九条、第二十一条、第二十四条的规定：

第四条　生产经营单位必须遵守本法和其他有关安全生产的法律、法规，加强安全生产管理，建立、健全安全生产责任制和安全生产规章制度，改善安全生产条件，推进安全生产标准化建设，提高安全生产水平，确保安全生产。

第十七条　生产经营单位应当具备本法和有关法律、行政法规和国家标准或者行业标准规定的安全生产条件；不具备安全生产条件的，不得从事生产经营活动。

第十八条　生产经营单位的主要负责人对本单位安全生产工作负有下列职责：

（一）建立、健全本单位安全生产责任制；

（二）组织制定本单位安全生产规章制度和操作规程；

（三）组织制订并实施本单位安全生产教育和培训计划；

（四）保证本单位安全生产投入的有效实施；

（五）督促、检查本单位的安全生产工作，及时消除生产安全事故隐患；

（六）组织制定并实施本单位的生产安全事故应急救援预案；

（七）及时、如实报告生产安全事故。

第十九条　生产经营单位的安全生产责任制应当明确各岗位的责任人员、责任范围和考核标准等内容。

生产经营单位应当建立相应的机制，加强对安全生产责任制落实情况的监督考核，保证安全生产责任制的落实。

第二十一条　矿山、金属冶炼、建筑施工、道路运输单位和危险物品的生产、经营、储存单位，应当设置安全生产管理机构或者配备专职安全生产管理人员。

第二十四条　生产经营单位的主要负责人和安全生产管理人员必须具备与本单位所从事的生产经营活动相应的安全生产知识和管理能力。

危险物品的生产、经营、储存单位以及矿山、金属冶炼、建筑施工、道路运输单位的主要负责人和安全生产管理人员，应当由主管的负有安全生产监督管理职责的部门对其安全生产知识和管理能力考核合格。考核不得收费。

危险物品的生产、储存单位以及矿山、金属冶炼单位应当有注册安全工程师从事安全生产管理工作。鼓励其他生产经营单位聘用注册安全工程师从事安全生产管理工作。注册安全工程师按专业分类管理，具体办法由国务院人力资源和社会保障部门、国务院安全生产监督管理部门会同国务院有关部门制定。

违反了《尾矿库安全监督管理规定》中的第四条、第五条、第九条的规定：

第四条　尾矿库生产经营单位（以下简称生产经营单位）应当

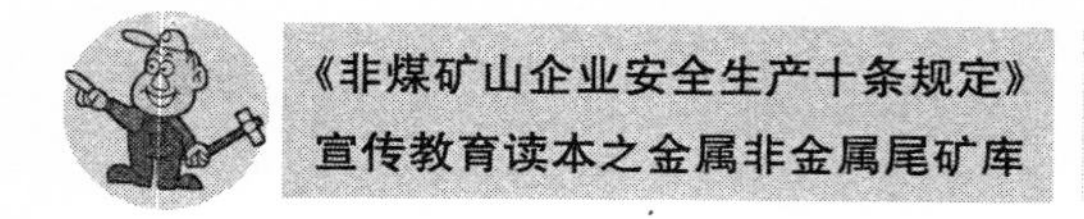

建立健全尾矿库安全生产责任制，建立健全安全生产规章制度和安全技术操作规程，对尾矿库实施有效的安全管理。

第五条　生产经营单位应当保证尾矿库具备安全生产条件所必需的资金投入，建立相应的安全管理机构或者配备相应的安全管理人员、专业技术人员。

第九条　尾矿库建设项目包括新建、改建、扩建以及回采、闭库的尾矿库建设工程。尾矿库建设项目安全设施设计审查与竣工验收应当符合有关法律、行政法规的规定。

（2）政府方面

相关部门管理混乱，对安全生产领导不力，监管部门人员非专业人才，没能及时发现安全生产职责不清问题，对选厂没有实行严格的安全生产审查，对选厂缺乏规划，盲目建设。

违反了《中华人民共和国安全生产法》中的第八条、第九条的规定：

第八条　国务院和县级以上地方各级人民政府应当根据国民经济和社会发展规划制定安全生产规划，并组织实施。安全生产规划应当与城乡规划相衔接。

国务院和县级以上地方各级人民政府应当加强对安全生产工作的领导，支持、督促各有关部门依法履行安全生产监督管理职责，建立健全安全生产工作协调机制，及时协调、解决安全生产监督管理中存在的重大问题。

乡、镇人民政府以及街道办事处、开发区管理机构等地方人民政府的派出机关应当按照职责，加强对本行政区域内生产经营单位安全生产状况的监督检查，协助上级人民政府有关部门依法履行安全生产监督管理职责。

第九条　国务院安全生产监督管理部门依照本法，对全国安全生产工作实施综合监督管理；县级以上地方各级人民政府安全生产监督管理部门依照本法，对本行政区域内安全生产工作实施综合监督管理。

国务院有关部门依照本法和其他有关法律、行政法规的规定，在各自的职责范围内对有关行业、领域的安全生产工作实施监督管理；县级以上地方各级人民政府有关部门依照本法和其他有关法律、法规的规定，在各自的职责范围内对有关行业、领域的安全生产工作实施监督管理。

安全生产监督管理部门和对有关行业、领域的安全生产工作实施监督管理的部门，统称负有安全生产监督管理职责的部门。

违反了《尾矿库安全监督管理规定》中的第七条、第三十三条的规定：

第七条　国家安全生产监督管理总局负责对国务院或者国务院有关部门审批、核准、备案的尾矿库建设项目进行安全设施设计审查和竣工验收。

前款规定以外的其他尾矿库建设项目安全设施设计审查和竣工验收，由省级安全生产监督管理部门按照分级管理的原则作出规定。

尾矿库日常安全生产监督管理工作，实行分级负责、属地监管原则，由省级安全生产监督管理部门结合本行政区域实际制定具体规定，报国家安全生产监督管理总局备案。

第三十三条　安全生产监督管理部门应当严格按照有关法律、行政法规、国家标准、行业标准以及本规定要求和“分级属地”的原则，进行尾矿库建设项目安全设施设计审查；不符合规定条件的，不得批准。审查不得收取费用。

（三）事故教训

1．严禁片面追求经济发展、无证作业、急功近利、存在侥幸心理等忽视安全生产的做法。必须坚持“安全第一、预防为主、综

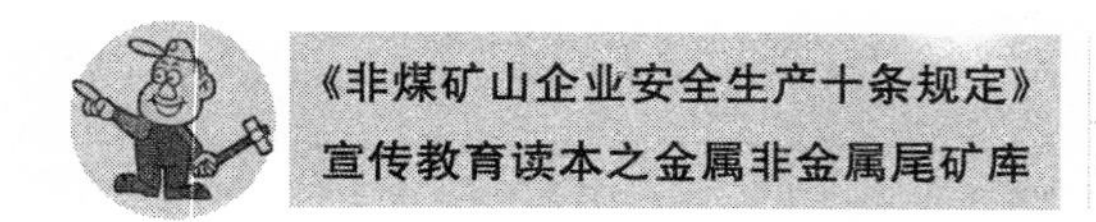

合治理”的方针，把安全生产工作真正落到实处，切实保障人民群众的生命财产安全。

2. 杜绝有关监管部门胡乱审批、监管不力、盲目规划等现象。规范和整顿选矿业，严格尾矿库的管理，彻底取缔非法和不安全生产条件的尾矿库，同时逐步淘汰小型尾矿库，强制发展大型尾矿库进行集中选矿排放。

3. 纠正职能缺位、错位等现象，明确政府、职能部门、矿山企业各自应承担的安全生产责任，理顺安全生产监督管理体制，建立安全生产依法行政机制。

4. 禁止政府对企业的行业出现监管真空的现象，努力修订和完善有关安全生产监管方面的法律法规，切实保证安全生产执法行为的严肃、合法、公正和有力。

二、必须确保全员培训合格，“三项岗位人员”持证上岗

【规定解读】

生产经营单位必须按照《中华人民共和国安全生产法》的有关要求，对从业人员进行全员安全生产教育和培训，保证从业人员具

备必要的安全生产知识，熟悉有关的安全生产规章制度和安全操作规程，掌握本岗位的安全操作技能。未经安全生产教育和培训合格的从业人员，不得上岗作业。

“三项岗位人员”是指生产经营单位主要负责人、安全管理人员和特种作业人员。为保障生产经营单位安全生产，国家对“三项岗位人员”实施安全资格准入制度。按照有关安全生产的法律、法规、规章要求，“三项岗位人员”必须经培训、考核合格并取得安全资格证书和特种作业人员操作证书后，方可持证上岗，并定期进行复训。生产经营单位主要负责人和安全生产管理人员安全资格培训时间不得少于48学时；每年再培训时间不得少于16学时。

【法律依据】

依据1 《尾矿库安全监督管理规定》第六条规定：生产经营单位主要负责人和安全管理人员应当依照有关规定经培训考核合格并取得安全资格证书。

直接从事尾矿库放矿、筑坝、巡坝、排洪和排渗设施操作的作业人员必须取得特种作业操作证书，方可上岗作业。

依据2 《中华人民共和国安全生产法》第十八条规定：生产经营单位的主要负责人对本单位安全生产工作负有下列职责：

（一）建立、健全本单位安全生产责任制；

（二）组织制定本单位安全生产规章制度和操作规程；

（三）组织制定并实施本单位安全生产教育和培训计划；

（四）保证本单位安全生产投入的有效实施；

（五）督促、检查本单位的安全生产工作，及时消除生产安全事故隐患；

（六）组织制定并实施本单位的生产安全事故应急救援预案；

（七）及时、如实报告生产安全事故。

依据3 《中华人民共和国安全生产法》第二十五条规定：生产经营单位应当对从业人员进行安全生产教育和培训，保证从业人员具备必要的安全生产知识，熟悉有关的安全生产规章制度和安全操作规程，掌握本岗位的安全操作技能，了解事故应急处理措施，知悉自身在安全生产方面的权利和义务。未经安全生产教育和培训合格的从业人员，不得上岗作业。

生产经营单位使用被派遣劳动者的，应当将被派遣劳动者纳入本单位从业人员统一管理，对被派遣劳动者进行岗位安全操作规程和安全操作技能的教育和培训。劳务派遣单位应当对被派遣劳动者进行必要的安全生产教育和培训。

生产经营单位接收中等职业学校、高等学校学生实习的，应当对实习学生进行相应的安全生产教育和培训，提供必要的劳动防护用品。学校应当协助生产经营单位对实习学生进行安全生产教育和培训。

生产经营单位应当建立安全生产教育和培训档案，如实记录安全生产教育和培训的时间、内容、参加人员以及考核结果等情况。

依据4 《中华人民共和国安全生产法》第二十六条规定：生产经营单位采用新工艺、新技术、新材料或者使用新设备，必须了解、掌握其安全技术特性，采取有效的安全防护措施，并对从业人员进行专门的安全生产教育和培训。

依据5 《中华人民共和国安全生产法》第二十七条规定：生产经营单位的特种作业人员必须按照国家有关规定经专门的安全作业培训，取得相应资格，方可上岗作业。

特种作业人员的范围由国务院安全生产监督管理部门会同国务院有关部门确定。

依据6 《中华人民共和国安全生产法》第五十五条规定：从

业人员应当接受安全生产教育和培训，掌握本职工作所需的安全生产知识，提高安全生产技能，增强事故预防和应急处理能力。

依据 7 《中华人民共和国安全生产法》第九十四条规定：生产经营单位有下列行为之一的，责令限期改正，可以处五万元以下的罚款；逾期未改正的，责令停产停业整顿，并处五万元以上十万元以下的罚款，对其直接负责的主管人员和其他直接责任人员处一万元以上二万元以下的罚款：

（一）未按照规定设置安全生产管理机构或者配备安全生产管理人员的；

（二）危险物品的生产、经营、储存单位以及矿山、金属冶炼、建筑施工、道路运输单位的主要负责人和安全生产管理人员未按照规定经考核合格的；

（三）未按照规定对从业人员、被派遣劳动者、实习学生进行安全生产教育和培训，或者未按照规定如实告知有关的安全生产事项的；

（四）未如实记录安全生产教育和培训情况的；

（五）未将事故隐患排查治理情况如实记录或者未向从业人员通报的；

（六）未按照规定制定生产安全事故应急救援预案或者未定期组织演练的；

（七）特种作业人员未按照规定经专门的安全作业培训并取得相应资格，上岗作业的。

依据 8 《尾矿库安全技术规程》（AQ 2006—2005）第 6.1.1 条规定：建立健全尾矿设施安全管理制度；对从事尾矿库作业的尾矿工进行专门的作业培训，并监督其取得特种作业人员操作资格证书和持证上岗情况。

【知识拓展】

问题 1：“三项岗位人员”是指哪些人员？

答：“三项岗位人员”是指生产经营单位主要负责人、安全管理人员和特种作业人员。

问题 2：尾矿库的生产经营单位的主要负责人对本单位安全生产工作负有哪些责任？

答：生产经营单位的主要负责人对本单位安全生产工作负有以下责任：

1. 建立、健全本单位安全生产责任制。
2. 组织制定本单位安全生产规章制度和操作规程。
3. 组织制订并实施本单位安全生产教育和培训计划。
4. 保证本单位安全生产投入的有效实施。
5. 督促、检查本单位的安全生产工作，及时消除生产安全事故隐患。
6. 组织制定并实施本单位的生产安全事故应急救援预案。
7. 及时、如实报告生产安全事故。

问题 3：尾矿库安全管理员人员的岗位职责是什么？

答：1. 贯彻执行《尾矿库安全管理规定》，执行党的安全生产方针、政策、法令、规定和上级有关指示。

2. 深入现场检查，督促巡管、巡坝人员对坝首执行 24 小时监控，对存在的不安全因素提出整改措施和处理意见。

3. 建立健全尾矿库管理、检查、监测运作台账和月报表。

4. 制定尾矿库安全管理预案，签订尾矿库安全消防救援合同。雨季做到当日检查当日向有关领导汇报。

5. 定期对库区周边巡逻，保持库区安全。严格库内放矿制度，保持尾砂自然坡度。

6. 尽量延长库内干滩长度，保持库内尾水达标排放。

7. 参与库区的新建、扩建、堆筑子坝、封井等工程的督促实施和验收工作。

8. 协助科领导和其他科员处理好安全文明生产存在的问题。

9. 加强政治理论和业务知识学习，提高技术水平。

10. 做好相关应急救援预案的落实工作。

问题4：尾矿库生产运行期间，生产经营单位安全管理人员的安全生产管理职责有哪些？

答：1. 建立健全尾矿库设施安全管理制度；对从事尾矿库作业的尾矿工进行专门的作业培训，并监督其取得特种作业人员操作资格证书和持证上岗情况。

2. 编制年、季作业计划和详细运行图表，统筹安排和实施尾矿输送、分级、筑坝和排洪的管理工作。

3. 严格按照《尾矿库安全技术规程》（AQ 2006—2005）、《尾矿库安全监督管理规定》和设计文件的要求，做好尾矿库放矿筑坝、回水排水、防汛、抗震等安全生产管理。

4. 做好日常巡检和定期观测，并进行及时、全面的记录。发现安全隐患时，应及时处理并向企业主管领导报告。

问题5：什么是特种作业和特种作业人员？

答：特种作业，是指容易发生事故，对操作者本人、他人的安全健康及设备、设施的安全可能造成重大危害的作业。特种作业的范围由特种作业目录规定。

特种作业人员，是指直接从事特种作业的从业人员。

问题6：特种作业人员有哪些情形，考核发证机关应当撤销特种作业操作证？

答：特种作业人员有以下情形，考核发证机关应当撤销特种作业操作证：

1. 超过特种作业操作证有效期未延期复审的。

2. 特种作业人员的身体条件已不适合继续从事特种作业的。

3. 对发生生产安全事故负有责任的。

4. 特种作业操作证记载虚假信息的。

5. 以欺骗、贿赂等不正当手段取得特种作业操作证的。

特种作业人员违反前款第（4）项、第（5）项规定的，3 年内不得再次申请特种作业操作证。

【案例适用】

案例 1　山西省太原市“8・15”尾矿库溃坝事故

（一）事故经过

2006 年 8 月 15 日晚 22 时左右，位于太原市娄烦县的银岩选矿厂和新阳光选矿厂相继发生了尾矿库溃坝事故，造成 6 人死亡、1 人失踪、21 人受伤的重大伤亡事故。

（二）事故分析

1. 直接原因

（1）银岩选矿厂尾矿库坝体为黄土堆筑不透水坝，库内长期单侧集中放浆，而且没设置任何排渗排水设施，致使库内水位长期过高，加之 8 月 13—15 日降水相对集中，引起坝体浸润线短期急剧升高，同时 15 日铲车上坝产生振动引起坝体局部液化，造成银岩选矿厂尾矿库垮塌。

（2）新阳光选矿厂尾矿库坝为利用旋流器产生的尾砂筑坝，库内设有直径为 500 mm 的排洪管及排洪井，但库容小，容纳不了上游尾矿库坝的浆液，必然要产生漫顶，现场的痕迹也证实了这一点。同时，坝体外围没有砌石加固，坝体及周边山体土质的稳固性差，不能有效阻挡尾浆的冲击力，造成垮坝，引发泥石流。

违反了《尾矿库安全监督管理规定》中第十一条的规定：

第十一条　尾矿库建设项目应当进行安全设施设计，对尾矿库库址及尾矿坝稳定性、尾矿库防洪能力、排洪设施和安全观测设施的可靠性进行充分论证。

2. 间接原因

（1）银岩选矿厂尾矿库严重违反尾矿库的基础建设程序，建设前没有进行正规设计，选址不当，违规建设，违规营运。

违反了《尾矿库安全监督管理规定》中第九条、第十条、第十二条、第十三条和第十七条的规定：

第九条　尾矿库建设项目包括新建、改建、扩建以及回采、闭库的尾矿库建设工程。尾矿库建设项目安全设施设计审查与竣工验收应当符合有关法律、行政法规的规定。

第十条　尾矿库的勘察单位应当具有矿山工程或者岩土工程类勘察资质。设计单位应当具有金属非金属矿山工程设计资质。安全评价单位应当具有尾矿库评价资质。施工单位应当具有矿山工程施工资质。施工监理单位应当具有矿山工程监理资质。尾矿库的勘察、设计、安全评价、施工、监理等单位除符合前款规定外，还应当按照尾矿库的等别符合下列规定：

（一）一等、二等、三等尾矿库建设项目，其勘察、设计、安全评价、监理单位具有甲级资质，施工单位具有总承包一级或者特级资质。

（二）四等、五等尾矿库建设项目，其勘察、设计、安全评价、监理单位具有乙级或者乙级以上资质，施工单位具有总承包三级或者三级以上资质，或者专业承包一级、二级资质。

第十二条　尾矿库库址应当由设计单位根据库容、坝高、库区地形条件、水文地质、气象、下游居民区和重要工业构筑物等情况，经科学论证后，合理确定。

第十三条　尾矿库建设项目应当进行安全设施设计并经安全生产监督管理部门审查批准后方可施工。无安全设施设计或者安全设施设计未经审查批准的，不得施工。严禁未经设计并审查批准擅自加高尾矿库坝体。

第十七条　尾矿库建设项目安全设施经验收合格后，生产经营单位应当及时按照《非煤矿山企业安全生产许可证实施办法》的有关规定，申请尾矿库安全生产许可证。未依法取得安全生产许可证的尾矿库，不得投入生产运行。生产经营单位在申请尾矿库安全生产许可证时，对于验收申请时已提交的符合颁证条件的文件、资料可以不再提交；安全生产监督管理部门在审核颁发安全生产许可证时，可以不再审查。

违反了《中华人民共和国安全生产法》的第十条、第十七条的规定：

第十条　国务院有关部门应当按照保障安全生产的要求，依法及时制定有关的国家标准或者行业标准，并根据科技进步和经济发展适时修订。生产经营单位必须执行依法制定的保障安全生产的国家标准或者行业标准。

第十七条　生产经营单位应当具备本法和有关法律、行政法规和国家标准或者行业标准规定的安全生产条件；不具备安全生产条件的，不得从事生产经营活动。

（2）新阳光选矿厂尾矿库坝库容设计不合理、坝体稳定性不够，违反了《尾矿库安全监督管理规定》的第九条、第十条、第十一条、第十二条的规定：

第九条　尾矿库建设项目包括新建、改建、扩建以及回采、闭库的尾矿库建设工程。尾矿库建设项目安全设施设计审查与竣工验收应当符合有关法律、行政法规的规定。

第十条　尾矿库的勘察单位应当具有矿山工程或者岩土工程类

勘察资质。设计单位应当具有金属非金属矿山工程设计资质。安全评价单位应当具有尾矿库评价资质。施工单位应当具有矿山工程施工资质。施工监理单位应当具有矿山工程监理资质。

尾矿库的勘察、设计、安全评价、施工、监理等单位除符合前款规定外，还应当按照尾矿库的等别符合下列规定：

（一）一等、二等、三等尾矿库建设项目，其勘察、设计、安全评价、监理单位具有甲级资质，施工单位具有总承包一级或者特级资质；

（二）四等、五等尾矿库建设项目，其勘察、设计、安全评价、监理单位具有乙级或者乙级以上资质，施工单位具有总承包三级或者三级以上资质，或者专业承包一级、二级资质。

第十一条　尾矿库建设项目应当进行安全设施设计，对尾矿库库址及尾矿坝稳定性、尾矿库防洪能力、排洪设施和安全观测设施的可靠性进行充分论证。

第十二条　尾矿库库址应当由设计单位根据库容、坝高、库区地形条件、水文地质、气象、下游居民区和重要工业构筑物等情况，经科学论证后，合理确定。

（3）两个尾矿库都缺乏专业的安全管理技术人员，违反了《尾矿库安全监督管理规定》的第五条和第六条的规定：

第五条　生产经营单位应当保证尾矿库具备安全生产条件所必需的资金投入，建立相应的安全管理机构或者配备相应的安全管理人员、专业技术人员。

第六条　生产经营单位主要负责人和安全管理人员应当依照有关规定经培训考核合格并取得安全资格证书。直接从事尾矿库放矿、筑坝、巡坝、排洪和排渗设施操作的作业人员必须取得特种作业操作证书，方可上岗作业。

违反了《中华人民共和国安全生产法》的第二十一条、第二十四条、第二十五条、第二十六条、第二十七条的规定：

第二十一条　矿山、金属冶炼、建筑施工、道路运输单位和危险物品的生产、经营、储存单位，应当设置安全生产管理机构或者配备专职安全生产管理人员。前款规定以外的其他生产经营单位，从业人员超过一百人的，应当设置安全生产管理机构或者配备专职安全生产管理人员；从业人员在一百人以下的，应当配备专职或者兼职的安全生产管理人员。

第二十四条　生产经营单位的主要负责人和安全生产管理人员必须具备与本单位所从事的生产经营活动相应的安全生产知识和管理能力。危险物品的生产、经营、储存单位以及矿山、金属冶炼、建筑施工、道路运输单位的主要负责人和安全生产管理人员，应当由主管的负有安全生产监督管理职责的部门对其安全生产知识和管理能力考核合格。考核不得收费。危险物品的生产、储存单位以及矿山、金属冶炼单位应当有注册安全工程师从事安全生产管理工作。鼓励其他生产经营单位聘用注册安全工程师从事安全生产管理工作。注册安全工程师按专业分类管理，具体办法由国务院人力资源和社会保障部门、国务院安全生产监督管理部门会同国务院有关部门制定。

第二十五条　生产经营单位应当对从业人员进行安全生产教育和培训，保证从业人员具备必要的安全生产知识，熟悉有关的安全生产规章制度和安全操作规程，掌握本岗位的安全操作技能，了解事故应急处理措施，知悉自身在安全生产方面的权利和义务。未经安全生产教育和培训合格的从业人员，不得上岗作业。

生产经营单位使用被派遣劳动者的，应当将被派遣劳动者纳入本单位从业人员统一管理，对被派遣劳动者进行岗位安全操作规程和安全操作技能的教育和培训。劳务派遣单位应当对被派遣劳动者进行必要的安全生产教育和培训。

生产经营单位接收中等职业学校、高等学校学生实习的，应当对实习学生进行相应的安全生产教育和培训，提供必要的劳动防护用品。学校应当协助生产经营单位对实习学生进行安全生产教育和培训。

生产经营单位应当建立安全生产教育和培训档案，如实记录安全生产教育和培训的时间、内容、参加人员以及考核结果等情况。

第二十六条　生产经营单位采用新工艺、新技术、新材料或者使用新设备，必须了解、掌握其安全技术特性，采取有效的安全防护措施，并对从业人员进行专门的安全生产教育和培训。

第二十七条　生产经营单位的特种作业人员必须按照国家有关规定经专门的安全作业培训，取得相应资格，方可上岗作业。

特种作业人员的范围由国务院安全生产监督管理部门会同国务院有关部门确定。

违反了《尾矿库安全技术规程》（AQ 2006—2005）第6.1.1条的规定：

6.1.1　建立健全尾矿设施安全管理制度；对从事尾矿库作业的尾矿工进行专门的作业培训，并监督其取得特种作业人员操作资格证书和持证上岗情况。

（4）县政府及其有关职能部门长期以来对尾矿库运营的监管不到位，玩忽职守，违反了《尾矿库安全监督管理规定》第三十五条的规定：

第三十五条　安全生产监督管理部门应当加强对尾矿库生产经营单位安全生产的监督检查，对检查中发现的事故隐患和违法违规生产行为，依法做出处理。

违反了《中华人民共和国安全生产法》第八条、第九条的规定：

第八条　国务院和县级以上地方各级人民政府应当根据国民经

济和社会发展规划制定安全生产规划，并组织实施。安全生产规划应当与城乡规划相衔接。国务院和县级以上地方各级人民政府应当加强对安全生产工作的领导，支持、督促各有关部门依法履行安全生产监督管理职责，建立健全安全生产工作协调机制，及时协调、解决安全生产监督管理中存在的重大问题。

乡、镇人民政府以及街道办事处、开发区管理机构等地方人民政府的派出机关应当按照职责，加强对本行政区域内生产经营单位安全生产状况的监督检查，协助上级人民政府有关部门依法履行安全生产监督管理职责。

第九条　国务院安全生产监督管理部门依照本法，对全国安全生产工作实施综合监督管理；县级以上地方各级人民政府安全生产监督管理部门依照本法，对本行政区域内安全生产工作实施综合监督管理。

国务院有关部门依照本法和其他有关法律、行政法规的规定，在各自的职责范围内对有关行业、领域的安全生产工作实施监督管理；县级以上地方各级人民政府有关部门依照本法和其他有关法律、法规的规定，在各自的职责范围内对有关行业、领域的安全生产工作实施监督管理。

安全生产监督管理部门和对有关行业、领域的安全生产工作实施监督管理的部门，统称负有安全生产监督管理职责的部门。

（三）事故教训

1. 尾矿库的选址、建设、运行等必须严格遵守相关的法律法规，不可存在侥幸心理，偷工减料，投机取巧，导致因小失大。

2. 安全生产监督管理部门应该严格按照有关法律、行政法规、国家标准和行业标准，加强对尾矿库的安全监督工作，要严厉打击违规作业的尾矿库，确保尾矿库的安全运营以及尾矿库从业人员的生命财产安全。

3. 企业应该健全尾矿库的安全生产规章制度，根据规定配备专业的安全管理人员，选择专业的技术人才，对尾矿库实施有效的安全管理。

案例 2　江西省德兴县银山铅锌矿尾矿坝决口事故

（一）事故经过

江西省德兴县银山铅锌矿尾矿库建在选矿厂西北 100 m 处的西山两侧袋型山谷中，占地面积 654 m^2，回水面积 1.05 km^2。该尾矿库于 1961 年年初开始建设，原设计最大库容为 570 m^3，初期坝高 12 m（坝顶标高 67.5 m），坝长 107 m，最终堆积坝标高 100 m。该尾矿库 1962 年投产，当年 7 月发生洪水漫顶，初期坝决口，尾矿泄漏。

（二）事故分析

1. 直接原因

尾矿库因洪水漫顶而垮坝。在尾矿库出现汛情时，该坝缺乏专业的安全管理人员，未能及时监测发现问题并采取应急救援措施，最终造成决口事故。违反了《尾矿库安全监督管理规定》中第五条、第六条、第二十一条的规定。

第五条　生产经营单位应当保证尾矿库具备安全生产条件所必需的资金投入，建立相应的安全管理机构或者配备相应的安全管理人员、专业技术人员。

第六条　生产经营单位主要负责人和安全管理人员应当依照有关规定经培训考核合格并取得安全资格证书。直接从事尾矿库放矿、筑坝、巡坝、排洪和排渗设施操作的作业人员必须取得特种作业操作资格证书，方可上岗作业。

第二十一条　生产经营单位应当建立健全防汛责任制，实施 24 小时监测监控和值班值守，并针对可能发生的垮坝、漫顶、排洪设施损毁等生产安全事故和影响尾矿库运行的洪水、泥石流、山体滑坡、地震等重大险情制定并及时修订应急救援预案，配备必要的应急救援器材、设备，放置在便于应急时使用的地方。应急预案应当按照规定报相应的安全生产监督管理部门备案，并每年至少进行一次演练。

2. 间接原因

（1）初期坝没有施工到设计高度就投入使用。初期坝的设计高度是 12 m，而先期施工高度仅为 6 m 就开始投入生产。在坝决口之前，尾矿已堆至距坝顶只有 10～20 m，几乎没有调洪库容。

（2）坝体施工质量差。原设计是采用黏土类土料作为筑坝材料，但施工筑坝土料中却夹有大量的强风化性岩石，黏性很差。另外，施工时未按照设计要求夯实所填土层。原设计要求 30 cm 松土夯实至 20 cm，而实际是 70 cm 松土夯实至 50 cm。由于一次填土过厚，打夯时冲击力达不到下层，表面显得很紧，而下层却很疏松，层与层的结合不佳，黏合不够紧密。

（3）排水管施工质量差。在排水管施工后进行试验时出现漏水现象。在施工中排水管基础未能按设计要求施工，因而很难预料到排水管在投产后因不均匀沉降而使排水管折裂，各管段互相错动，水断面减少，排水量未达设计要求。

（4）管理不善。该坝无专人负责，暴雨时排水斜槽盖板仅开启 20 cm 宽，未完全打开，降低了排洪能力。另外，尾矿堆放不够均匀，靠决口处尾矿堆层薄，对坝体的加强作用弱。

（5）原设计中，对坝体与山体的结合采用的是平接而未采用楔开嵌入山体内，因而坝体与山体结合的牢固性很差，致使决口出现在坝体和山体接触处。严重违反了《尾矿库安全监督管理规定》中的第十二条、第十四条的规定。

第十二条　尾矿库库址应当由设计单位根据库容、坝高、库区地形条件、水文地质、气象、下游居民区和重要工业构筑物等情况，经科学论证后，合理确定。

第十四条　尾矿库施工应当执行有关法律、行政法规和国家标准、行业标准的规定，严格按照设计施工，确保工程质量，并做好施工记录。生产经营单位应当建立尾矿库工程档案和日常管理档案，特别是隐蔽工程档案、安全检查档案和隐患排查治理档案，并长期保存。

（三）事故教训

1. 严禁尾矿库非专业安全管理人员上岗，杜绝无专业安全管理人员的现象发生。配备足够的生产维护人员和一定数量的专业技术人员。建立必要的坝体动态监测系统并定期进行观测检查，尤其在汛期要加强尾矿库的巡视，昼夜值班，制定好防洪抢险措施，保证尾矿库安全运行。

2. 当尾矿充填到初期坝坝顶的高度时，调洪库容量小，必须按这种情况确定排水构筑物的泄水流量。在管理上应及时加高筑坝，否则调洪库容小，若泄水能力不够，势必造成溃坝。

3. 杜绝无资质的施工单位参与尾矿坝建设项目。施工时必须严格按设计要求、作业计划及技术规定精心作业，必须有施工记录和竣工验收手续。设计单位和生产单位要相互协作，共同把好质量关。

三、必须按设计放矿、筑坝，确保坝体稳定性、安全超高、干滩长度、浸润线埋深符合要求

【规定解读】

放矿和筑坝是尾矿库生产运行中的重要环节，直接关系到尾矿库的安全运行。尾矿库坝体稳定性、安全超高、干滩长度、浸润线

埋深是判断尾矿库是否满足安全生产条件的重要安全技术指标，《尾矿库安全技术规程》（AQ 2006—2005）中对坝体稳定性验算、安全超高、干滩长度、浸润线埋深均有明确的规定。

生产经营单位必须按照设计要求进行放矿和筑坝作业，使尾矿库坝体稳定性、安全超高、干滩长度、浸润线埋深等尾矿库安全技术指标符合相关规定，确保尾矿库运行安全。

【法律依据】

依据1 《尾矿库安全技术规程》（AQ 2006—2005）第5.3.4条规定：尾矿筑坝的方式，对于抗震设防烈度为7度及7度以下地区宜采用上游式筑坝，抗震设防烈度为8～9度地区宜采用下游式或中线式筑坝。

依据2 《尾矿库安全技术规程》（AQ 2006—2005）第5.3.5条规定：上游式筑坝，中、粗尾矿可采用直接冲填筑坝法，尾矿颗粒较细时宜采用分级冲填筑坝法。

依据3 《尾矿库安全技术规程》（AQ 2006—2005）第5.3.6条规定：下游式或中线式尾矿筑坝分级后用于筑坝的尾矿，其粗颗粒（$d \geqslant 0.074$ mm）含量不宜小于70%，否则应进行筑坝试验。筑坝上升速度应满足库内沉积滩面上升速度和防洪的要求。

依据4 《尾矿设施设计规范》（GB 50863—2003）第4.1.4条规定：尾矿坝必须满足渗流控制和静、动力稳定要求。

依据5 《尾矿设施设计规范》（GB 50863—2003）第4.3.5条规定：尾矿坝的渗流控制措施必须确保浸润线低于控制浸润线。

依据6 《关于进一步加强尾矿库监督管理工作的指导意见》第三部分第二条中规定：严格安全许可制度，新建金属非金属地下矿山必须对能否采用充填采矿法进行论证并优先推行充填采矿法，新建四、五等尾矿库应当优先采用一次性筑坝方式；对于达不到安全生产条件的，一律不予颁发安全生产许可证。

【知识拓展】

问题 1：什么是安全超高、沉积滩、滩顶、干滩长度、浸润线、临界浸润线、控制浸润线？

答：1. 安全超高，是尾矿坝沉积滩顶至设计洪水水位的高差。

2. 水力冲积尾矿形成的沉积体表层，按库内集水区水面划分为水上和水下两部分，通常将水上部分称为干滩。

3. 滩顶，是指沉积滩面与子坝外坡面的交线。

4. 干滩长度，是指库内水边线至滩顶的水平距离。

5. 浸润线，是指在坝体横剖面上稳定渗流的顶面线。

6. 临界浸润线，是指坝体抗滑稳定安全系数能满足本规范最低要求时的浸润线。

7. 控制浸润线，是指既满足临界浸润线要求，又满足尾矿堆积坝下游坡最小埋深浸润线要求的坝体最高浸润线。

问题 2：对生产运行中的尾矿库，未经过技术论证和安全生产监督管理部门的批准，任何单位和个人不得对哪些事项进行变更？

答：对生产运行中的尾矿库，未经过技术论证和安全生产监督管理部门的批准，任何单位和个人不得进行变更的事项有：筑坝方式；排放方式；尾矿物化特性指标；坝型、坝外坡坡比、最终堆积标高和最终坝轴线的位置；坝体防渗、排渗及反滤层的设置；排洪系统的型式、布置及尺寸；设计以外的尾矿、废料或者废水进库等。

问题 3：尾矿堆积坝筑坝方式选择应满足什么要求？

答：1. 国家规定的地震设防烈度为 7 度及 7 度以下的地区，宜采用上游式筑坝；地震设防烈度为 8～9 度的地区，宜采用下游式或中线式筑坝，如采用上游式筑坝，应采取可靠的抗震措施。

2. 上游式尾矿筑坝，尾矿颗粒较粗者，可采用直接冲积法筑坝；尾矿颗粒较细者，宜采用分级冲积法筑坝。

3. 下游式或中线式尾矿筑坝分级后，用于筑坝的 $d\geqslant0.074$ mm 的尾矿颗粒含量不宜少于 75%，$d\leqslant0.02$ mm 的尾矿颗粒含量不宜大于 10%，否则应进行筑坝试验。筑坝上升速度应满足沉积滩面上升速度的要求。

4. 上游式堆坝的尾矿浓度超过 35%（不含干堆尾矿）时，不宜采用冲积法直接筑坝，否则应进行尾矿堆坝试验研究。

5. 对于湿式尾矿库，当全尾矿颗粒极细（$d<0.074$ mm、含量大于 85%，或 $d<0.005$ mm、含量大于 15%），宜采用一次建坝，并可分期建设，否则应进行尾矿堆坝试验研究。

问题 4：尾矿坝的稳定性计算应按哪些要求进行？

答： 1. 新建尾矿坝在可行性研究阶段可不进行坝体稳定计算；

2. 扩建或加高的尾矿坝在可行性研究阶段应进行坝体稳定计算；

3. 初步设计阶段应对坝体进行稳定计算；

4. 三等及三等以下的尾矿库在尾矿坝堆至 1/2～2/3 最终设计总坝高时，一等及二等尾矿库在尾矿坝堆至 1/3～1/2 最终设计总坝高时，应对坝体进行全面的工程地质和水文地质勘查；对于某些尾矿性质特殊，投产后选矿规模或工艺流程发生重大改变，尾矿性质或放矿方式与初步设计相差较大时，可不受堆高的限制，根据需要进行全面勘察。

根据勘察结果，由设计单位对尾矿坝做全面论证，以验证最终坝体的稳定性和确定后期的处理措施。尾矿库挡水坝应根据相关规范进行稳定计算。

问题 5：降低浸润线时宜采取哪些措施？

答：降低浸润线的措施应结合坝的级别、坝体稳定计算、抗震构造等要求综合分析确定，宜采取下列措施：

1. 尾矿库建设阶段在尾矿堆积坝坝基范围内设置排渗褥垫（碎石或土工排水网垫）、排渗管（或盲沟）、排渗井等型式的水平和垂直排渗系统。

2. 尾矿坝运行中随坝体升高适时设置排渗管（或盲沟、席垫）、垂直塑料排水板或排渗井等型式的排渗系统。

3. 尾矿坝运行中，当实测浸润线高于控制浸润线时，可在坝坡或沉积滩上增设排渗管、辐射排渗井等排渗设施。

4. 降低库内水位。

【案例适用】

案例 1　牛角垅尾矿库溃坝事故

（一）事故经过

1985 年 8 月 24—25 日连降暴雨，25 日凌晨 3:40 左右，山洪暴发，坡陡水急，洪水挟带大量泥砂石、杂草，排洪涵洞和截洪沟已无法承担，洪水直接冲入尾矿库，加之离尾矿坝基 100 m 处发生 1 号和 2 号泥石流直冲库内，仅几分钟，洪水漫顶冲垮牛角垅尾矿库。事后测算，库内尾矿被冲走 110 万吨左右。

矿区内损失情况：冲毁房屋 39 栋，造成危房 22 栋，还淹没房屋 27 栋；造成矿区内 49 人死亡；冲毁设备 25 台，冲走钢材 200 多吨，水泥 1 200 多吨，各种原材料 84.7 万元；冲毁输电线路 3.5 km，通信线路 4.38 km，矿区自备公路 4.3 km，国家公路 3 km，冲毁桥梁 3 座，致使通信、供电、交通全部中断。矿区直接经济损失 1 300 万元。下游地区损失情况：部分大型临时工程倒塌，一些房屋进水，污染东河两岸农田 15 454 亩、生活水井 29 个；还造成东河河堤决口 39 处，冲垮拦河坝 17 座、涵洞 15 个、渠道 11 条，河床淤塞泥石量达 201 万 m^3，水系污染相当严重。

（二）事故分析

1. 直接原因

经多方面综合分析及现场勘察，认定为不可抗拒的自然灾害冲垮了尾矿坝。且设计时收集的日最大降水量为 180 mm，设计考虑的日最大降雨量为 195 mm，而实际达 429.6 mm，因此排洪设施无法满足要求。尾矿库排洪设置不合格，在设计的时候没有对实际的情况进行详细的调查，考虑问题不全面，违反了《尾矿库安全监督管理规定》第三条、第六条的规定：

第三条　尾矿库建设、运行、回采、闭库的安全技术要求以及尾矿库等别划分标准，按照《尾矿库安全技术规程》（AQ 2006—2005）执行。

第六条　生产经营单位主要负责人和安全管理人员应当依照有关规定经培训考核合格并取得安全资格证书。直接从事尾矿库放矿、筑坝、巡坝、排洪和排渗设施操作的作业人员必须取得特种作业操作资格证书，方可上岗作业。

2. 间接原因

尾矿库超期服役。违反了《尾矿库安全监督管理规定》第十九条的规定：尾矿库应当每三年至少进行一次安全现状评价。安全现状评价应当符合国家标准或者行业标准的要求。尾矿库安全现状评价工作应当有能够进行尾矿坝稳定性验算、尾矿库水文计算、构筑物计算的专业技术人员参加。上游式尾矿坝堆积至二分之一至三分之二最终设计坝高时，应当对坝体进行一次全面勘察，并进行稳定性专项评价。

（三）事故教训

1. 设计前的汇水面积、降水量、降雨频率、排洪能力大小等主要因素应反复调查论证，切不可马虎。

2. 山谷型尾矿库的排洪系统要建立防堵塞措施，还要解决泥石流对尾矿库侵害的可行措施。

3. 尾矿库的汇水面积不能只计算地表面积，还应考虑地下水的流量。

4. 尾矿库的供电及通信线路要选择可靠的线路，决不能从坝基向上输送。

5. 值班室不能建在坝下，要建在安全可靠的地点；坝下游已建好的生活、生产设施应组织撤退演习，要有明确的撤退通道。

6. 尾矿库绝对禁止超期服役。

案例2　山西宝山矿业有限公司"5·18"尾矿库溃坝事故

（一）事故经过

山西宝山矿业有限公司（以下简称宝山矿业）位于山西省忻州市繁峙县境内，始建于1996年，是一家股份制私营企业，年开采铁矿石90万吨，年产精矿粉30万吨。该企业尾矿库设计库容540万m^3，设计坝高100 m。

2007年5月18日上午10：00左右，当班尾矿工发现正常生产运营的尾矿库中部距坝顶20 m处有3 m^2左右异常泛潮及部分渗漏。中午11：00左右，渗漏处开始流泥沙。15：00左右，坝体流泥沙范围扩大，开始坍塌。5月20日0：44，共有近100万m^3尾泥沙浆溃泻而下，沿排洪沟、河道冲入峨河下游，绵延超过10 km，致使尾矿库彻底损毁，厂区遭到破坏，车间被彻底冲垮，办公楼、选矿车间全部被淹。这起尾矿库溃坝事故虽然未造成人员伤亡，但直接经济损失高达4 000多万元，导致尾矿库下游近100

名村民被迫疏散，事故影响和经济损失巨大。

（二）事故分析

1. 直接原因

由于回水塔堵塞不严，从回水塔漏出的尾矿将排水管堵塞，库内水位通过回水塔和排水管，从已经埋没的处于尾矿堆积坝外坡下的回水塔顶渗出，从而引起尾矿的流土破坏，造成尾矿坝坝坡局部滑坡。由于渗水不断，滑坡面积不断扩大，最终造成溃坝。

违反了《尾矿库安全技术规程》（AQ 2006—2005）第 5.4.1 条的规定：尾矿库必须设置排洪设施，并满足防洪要求。尾矿库的排洪方式，应根据地形、地质条件、洪水总量、调洪能力、回水方式、操作条件与使用年限等因素，经过技术比较确定。尾矿库宜采用排水井（斜槽）—排水管（隧洞）排洪系统。有条件时也可采用溢洪道或截洪沟等排洪设施。

2. 间接原因

（1）尾矿库排渗（排洪）管断裂，回水侵蚀坝体，导致坝体逐步松软并最终溃塌。

（2）企业未按设计要求堆积子坝，擅自将中线式筑坝方式改为上游式筑坝方式，且尾矿坝外坡比超过规定要求，造成坝体稳定性降低。

（3）企业安全投入不足，未按规定铺设尾矿坝排渗反滤层。

（4）在增加选矿能力时，没有按要求对尾矿排放进行安全论证。

违反了《尾矿库安全技术规程》（AQ 2006—2005）第 5.4.1 条规定：尾矿库必须设置排洪设施，并满足防洪要求。尾矿库的排洪方式，应根据地形、地质条件、洪水总量、调洪能力、回水方式、操作条件与使用年限等因素，经过技术比较确定。尾矿库宜采用排水井（斜槽）—排水管（隧洞）排洪系统。有条件时也可采用溢洪道或截洪沟等排洪设施。

违反了《尾矿库安全监督管理规定》第五条规定：生产经营单位应当保证尾矿库具备安全生产条件所必需的资金投入，建立相应的安全管理机构或者配备相应的安全管理人员、专业技术人员。

违反了《尾矿库安全技术规程》（AQ 2006—2005）第5.3.22条规定：上游式尾矿坝堆积至1/2～2/3最终设计坝高时，应对坝体进行一次全面的勘察，并进行稳定性专项评价，以验证现状及设计最终坝体的稳定性，确定相应技术措施。

违反了《尾矿库安全监督管理规定》第十八条的规定：对生产运行的尾矿库，未经技术论证和安全生产监督管理部门的批准，任何单位和个人不得对下列事项进行变更：

（一）筑坝方式；

（二）排放方式；

（三）尾矿物化特性；

（四）坝型、坝外坡坡比、最终堆积标高和最终坝轴线的位置；

（五）坝体防渗、排渗及反滤层的设置；

（六）排洪系统的型式、布置及尺寸；

（七）设计以外的尾矿、废料或者废水进库等。

（三）事故教训

1. 尾矿库的生产经营单位要加强相关安全生产法规和标准的宣传，编制且完善事故应急预案；根据尾矿库的特点自行开展尾矿库隐患自查工作，对查出的问题和隐患要立即整改；一时难以整改的，要制定方案，明确责任，落实资金，限期整改。

2. 强化尾矿库的安全监管工作。企业要严格按照设计方案进行施工和生产运营，杜绝违规施工、超量储存、超期服役和尾矿库带病运营，确保落实尾矿库管理单位的安全职责。

3. 认真做好尾矿库汛期防洪工作。各地要结合本地情况，组织开展一次全面、细致的尾矿库防汛安全检查，特别是曾经发生过滑坡、泥石流等地质灾害的重点地区；汛期到来之前加强对尾矿库的巡查，建立健全汛期安全检查制度；加强对尾矿库泄洪设施的维护，确保排洪道的畅通，保证尾矿库的调洪库容和干滩长度；要对一时难以整改到位的隐患进行重点巡查，制定应急措施。

4. 加强尾矿库事故应急管理工作。企业要制定和完善尾矿库泄漏和溃坝事故的应急预案，做好尾矿库应急处置的培训和应急救援预案的演练工作，提高应对突发事件的处理、应变能力和应急响应速度。

5. 认真落实企业安全生产主体责任。企业必须严格执行《尾矿库安全技术规程》（AQ 2006—2005），制定尾矿库安全生产规章制度和岗位操作规程；加大安全生产投入，对尾矿库存在的隐患进行认真整改，确保尾矿库的安全生产；落实防汛物资和防汛措施，健全防汛组织机构，确保尾矿库安全度汛。

四、必须确保排洪、排渗设施设计规范、建设达标、运行可靠

【规定解读】

排洪设施是尾矿库必须设置的安全设施，其功能在于将汇水面积内的洪水安全排至库外，它的安全性和可靠性直接关系到尾矿库防洪安全。排渗设施是尾矿坝防范渗流破坏的安全设施，有水平、

竖向和竖向水平组合排渗三种基本类型，可及时降低库内水位和浸润线埋深，有效防范管涌、流土、冲刷等渗流破坏。

这里提出确保排洪、排渗设施设计规范、建设达标、运行可靠，是鉴于排洪、排渗设施作为尾矿库的重要安全设施，必须严格施行设计、建设、运行环节的安全管理，使之能够按照科学合理的原则进行规范设计，并按照设计进行严格施工，严控施工质量，在运行过程中作为安全管理的重点加强管理，确保尾矿库的安全运行。

【法律依据】

依据 1 《尾矿库安全技术规程》（AQ 2006—2005）第 5.4.1 条规定：尾矿库必须设置排洪设施，并满足防洪要求。尾矿库的排洪方式，应根据地形、地质条件、洪水总量、调洪能力、回水方式、操作条件与使用年限等因素，经过技术比较确定。尾矿库宜采用排水井（斜槽）——排水管（隧洞）排洪系统。有条件时也可采用溢洪道或截洪沟等排洪设施。

依据 2 《尾矿库安全技术规程》（AQ 2006—2005）第 5.4.7 条规定：尾矿库排水构筑物的型式与尺寸应根据水力计算及调洪计算确定。对一、二等尾矿库及特别复杂的排水构筑物，还应通过水工模型试验验证。

依据 3 《尾矿库安全技术规程》（AQ 2006—2005）第 5.4.8 条规定：尾矿库排洪构筑物宜控制常年洪水（多年平均值）不产生无压与有压流交替工作状态。无法避免时，应加设通气管。当设计为有压流时，排水管接缝处止水应满足工作水压的要求。

排水管或隧洞中最大流速应不大于管（洞）壁材料的容许流速。

依据 4 《尾矿库安全技术规程》(AQ 2006—2005) 第 5.4.9 条规定：排水构筑物的基础应避免设置在工程地质条件不良或需要填方的地段。无法避开时，应进行地基处理设计。

依据 5 《尾矿库安全技术规程》(AQ 2006—2005) 第 5.4.10 条规定：排水构筑物的设计应按《水工混凝土结构设计规范》和《水工隧洞设计规范》进行。

依据 6 《尾矿库安全技术规程》(AQ 2006—2005) 第 5.4.11 条规定：设计排水系统时，应考虑终止使用时在井座或支洞末端进行封堵的措施。

依据 7 《尾矿库安全技术规程》(AQ 2006—2005) 第 5.4.12 条规定：在排水构筑物上或尾矿库内适当地点，应设置清晰醒目的水位标尺。

依据 8 《尾矿库安全技术规程》(AQ 2006—2005) 第 6.4.3 条规定：汛期前应对排洪设施进行检查、维修和疏浚，确保排洪设施畅通。根据确定的排洪底坎高程，将排洪底坎以上 1.5 倍调洪高度内的挡板全部打开，清除排洪口前水面漂浮物；库内设清晰醒目的水位观测标尺，标明正常运行水位和警戒水位。

依据 9 《尾矿库安全技术规程》(AQ 2006—2005) 第 6.4.7 条规定：洪水过后应对坝体和排洪构筑物进行全面认真的检查与清理，发现问题及时修复，同时，采取措施降低库水位，防止连续降雨后发生垮坝事故。

依据 10 《尾矿库安全技术规程》(AQ 2006—2005) 第 6.4.8 条规定：尾矿库排水构筑物停用后，必须严格按设计要求及时封堵，并确保施工质量。严禁在排水井井筒顶部封堵。

依据 11 《尾矿库安全技术规程》(AQ 2006—2005) 第 6.5.2 条规定：在尾矿库运行过程中，如坝体浸润线超过控制线，应经技术论证增设或更新排渗设施。

依据 12 《尾矿设施设计规范》（GB 50863—2013）第 6.1.1 条规定：尾矿库各使用期的防洪标准应根据该使用期库的等别、库容、坝高、使用年限及对下游可能造成的危害程度等因素，按表 1 确定。

表 1　　尾矿库防洪标准

尾矿库各使用期等级	一	二	三	四	五
洪水重现期（年）	1 000～5 000 或 PMF	500～1 000	200～500	100～200	100

注：PMF 为可能最大洪水。

当确定的尾矿库等别的库容或坝高偏于该等下限，尾矿库使用年限较短或失事后对下游不会造成严重危害者可取下限；反之应取上限。对于高堆坝或下游有重要居民点的，防洪标准可提高一等。尾矿库失事后对下游环境造成极其严重危害的尾矿库，其防洪标准应予以提高，必要时可按可能最大洪水进行设计。

对于露天废弃采坑及凹地储存尾矿的，周边未建尾矿坝时，防洪按百年一遇的洪水设计；建尾矿坝时，根据坝高及其对应的库容确定库的等别及防洪标准。

依据 13 《尾矿设施设计规范》（GB 50863—2013）第 6.1.2 条规定：尾矿库必须设置可靠的排洪设施，满足在设计洪水条件下防洪安全和正常生产的要求。

依据 14 《尾矿设施设计规范》（GB 50863—2013）第 6.1.3 条规定：尾矿库的排洪方式及布置应根据地形、地质条件、洪水总量、调洪能力、尾矿性质、回水方式及水质要求、操作条件与使用年限等因素，经技术经济比较确定。

1. 上游式尾矿库宜采用排水井（或斜槽）—排水管（或隧洞）

排洪系统；

2. 一次建坝的尾矿库在地形条件许可时，可采用溢洪道排洪，同时宜以排水井（或斜槽）控制库内运行水位；

3. 当上游汇水面积较大，库内调洪难以满足要求时，可采用上游设拦洪坝截洪和库内另设排洪系统的联合排洪系统。拦洪坝以上的库外排洪系统不宜与库内排洪系统合并；当与库内排洪系统合并时，必须进行论证，合并后的排水管（或隧洞）宜采用无压流控制。若采用压力流控制时应进行可靠性技术论证，必要时应通过水工模型试验确定；

4. 三等及三等以上尾矿库（库尾排矿的干式尾矿库除外）不得采用截洪沟排洪；

5. 当尾矿库周边地形、地质条件适合时，四等及五等尾矿库经论证可设截洪沟截洪分流。

依据 15 《尾矿设施设计规范》（GB 50863—2013）第 6.1.4 条规定：排洪构筑物的基础应避免设置在工程地质条件不良或需要填方的地段。无法避开时，应进行地基处理设计。排洪构筑物不得直接坐落在尾矿沉积滩上。

依据 16 《尾矿设施设计规范》（GB 50863—2013）第 6.1.5 条规定：地下排洪构筑物应采用钢筋混凝土结构，其基础应置于有足够承载力的基岩上。对于非岩基的地下排洪构筑物应采取可靠的工程措施。

依据 17 《尾矿设施设计规范》（GB 50863—2013）第 6.3.1 条规定：进水构筑物的型式应根据排水量大小、尾矿库的地形条件和是否兼作回水设施等因素确定。当排水量较大时，宜采用框架式排水井；排水量较小时，宜采用窗口式排水井或斜槽；排水井内径不宜小于 1.5 m。

依据 18 《尾矿设施设计规范》（GB 50863—2013）第 6.3.2

条规定：排水井井底应设置消力坑。排水管或隧洞变坡、转弯和出口处，应视具体情况采取消能防冲措施。

依据 19 《尾矿设施设计规范》（GB 50863—2013）第 6.3.3 条规定：排水管或斜槽的净高不宜小于 1.2 m。

依据 20 《尾矿设施设计规范》（GB 50863—2013）第 6.3.4 条规定：排水隧洞的净高不应小于 1.8 m，净宽不应小于 1.5 m，最小设计坡度不宜小于 0.003。

依据 21 《尾矿设施设计规范》（GB 50863—2013）第 6.3.5 条规定：沟埋式和平埋式排水管，两侧回填土应夯实，顶部应松填，其厚度不应小于 0.5 m；上埋式排水管管顶的垂直荷载应根据上覆尾砂厚度考虑附加系数。

依据 22 《尾矿设施设计规范》（GB 50863—2013）第 6.3.6 条规定：排水管应根据气温和地基条件确定伸缩缝和沉降缝的分缝长度。建在岩基上的排水管宜每隔 10～20 m 设一条伸缩缝，在岩性变化或断层处应设沉降缝；建在非岩基上的排水管宜每隔 4～8 m 设一条沉降缝。接缝处应采用密闭型橡胶（或塑料）止水带，止水带厚度应满足内、外工作水压的要求，当尾矿渗水不会污染下游环境时，无压管亦可采用反滤接头。接缝处均应设套管。建在季节性冻土区的排水管管基应设在冻土深度以下。

依据 23 《尾矿设施设计规范》（GB 50863—2013）第 6.3.7 条规定：排水管施工完成后，宜在管外壁涂刷沥青防护。

依据 24 《尾矿设施设计规范》（GB 50863—2013）第 6.3.8 条规定：隧洞岩石条件较好且在允许流速范围内，可考虑喷锚支护或不衬砌。

依据 25 《尾矿设施设计规范》（GB 50863—2013）第 6.3.9 条规定：设计排洪系统时，应考虑终止使用时在井座上部、井座和支洞进口或支洞内进行封堵的措施，封堵体宜采用刚性结构，封堵设计按《水工隧洞设计规范》SL279进行。严禁在井顶进行封堵。

排洪系统进行封堵时，应同时考虑封堵段下游的永久性结构安全和封堵段上游库内水压力对尾矿堆积坝渗透稳定安全和相邻排水建筑物安全的影响。

【知识拓展】

问题1：控制尾矿库内水位应遵循的原则有哪些？

答：1. 在满足回水水质和水量要求的前提下，尽量降低库内水位。

2. 在汛期必须满足设计对库内水位控制的要求。

3. 当尾矿库实际情况与设计不符时，应在汛前进行调洪演算，保证在最高洪水位时滩长与超高都满足设计要求。

4. 当回水与尾矿库安全对滩长和超高的要求有矛盾时，必须保证尾矿库安全。

5. 水边线应与坝轴线基本保持平行。

问题2：上游式尾矿堆积坝可采取什么措施控制渗流？

答：上游式尾矿堆积坝可采取下列措施控制渗流：

1. 尾矿筑坝地基设置排渗褥垫、水平排渗管（沟）、排渗井等。

2. 尾矿堆积体内设置水平排渗管（沟）或垂直排渗井、辐射式排渗井等。

3. 与山坡接触的尾矿堆积坡脚处设置贴坡排渗或排渗管（沟）等。

4. 适当降低库内水位，增大沉积滩长。

5. 坝前均匀放矿。

问题3：当坝面或坝肩出现集中渗流、流土、管涌、大面积沼泽化、渗水量增大或渗水变浑等异常现象时，可采取什么措施进行处理？

答：当坝面或坝肩出现集中渗流、流土、管涌、大面积沼泽化、渗水量增大或渗水变浑等异常现象时，可采取下列措施处理：

1. 在渗漏水部位铺设土工布或天然反滤料，其上再以堆石料压坡。

2. 增设排渗设施，降低浸润线。

问题4：库尾排矿的干式尾矿库，排洪设计应满足哪些要求？

答：库尾排矿的干式尾矿库，排洪设计应满足下列要求：

1. 库区最终堆体顶面以上设永久分洪系统（拦洪坝、导流涵管或隧洞、截洪沟）。

2. 当设计尾矿堆体总高超过60 m时，应设置中间截洪沟。

3. 应在下游拦挡坝前设置排水井、管或其他排水设施，排水入口应高于泥沙淤积标高0.5～1.0 m，并应及时清理坝前淤积尾矿。

4. 当库区面积较大时，应在尾矿堆积区设临时排水沟，将水排至两侧截水沟。

问题5：控制尾矿库内水位应遵循的原则有哪些？

答：控制尾矿库内水位应遵循的原则有：

1. 在满足回水水质和水量要求的前提下，尽量降低库内水位。

2. 在汛期必须满足设计对库内水位控制的要求。

3. 当尾矿库实际情况与设计不符时，应在汛前进行调洪演算，保证在最高洪水位时滩长与超高都满足设计要求。

4. 当回水与尾矿库安全对滩长和超高的要求有矛盾时，必须保证尾矿库安全。

5. 水边线应与坝轴线基本保持平行。

问题 6：需提高尾矿坝抗震稳定性时，可采取哪些措施？

答：尾矿库原设计抗震标准低于现行标准时，应进行安全技术论证。需提高尾矿坝抗震稳定性时，可采取以下措施：

1. 在下游坡坡脚增设土石料压坡。
2. 对堆积坡进行削坡、放缓坝坡。
3. 对坝体进行加固处理。
4. 降低库内水位或增设排渗设施，降低坝体浸润线。

【案例适用】

案例 1　江西赣南某钨矿尾矿坝大坍塌

（一）事故经过

江西赣南某钨矿尾矿坝，因为矿山资源枯竭等原因而停产关闭。矿井停产关闭后，尾矿库也就自然停止使用，但没有对尾矿库实施闭库处理，而无人管理。1993 年 5 月，因尾矿库内排水井被树枝石块等杂物堵塞，排水不畅，导致尾矿库内的水位上涨，造成尾矿库的主坝一半溃决，洪水挟带着尾砂呼啸而下，形成泥石流，冲毁了下游的许多民房，淹没了数百亩良田，使下游的河床平均抬高了 2.5 m。

（二）事故分析

1. 直接原因

事故的直接原因为排洪排水管失效，洪水漫顶。

违反了《尾矿库安全技术规程》（AQ 2006—2005）5.4.10、6.1.2、6.1.3、6.4.3 的规定：

5.4.10　排水构筑物的设计应按《水工混凝土结构设计规范》和《水工隧洞设计规范》进行。

6.1.2　尾矿库必须设置可靠的排洪设施，满足在设计洪水条件下防洪安全和正常生产的要求。

6.1.3 尾矿库的排洪方式及布置应根据地形、地质条件、洪水总量、调洪能力、尾矿性质、回水方式及水质要求、操作条件与使用年限等因素，经技术经济比较确定。上游式尾矿库宜采用排水井（或斜槽）—排水管（或隧洞）排洪系统；一次建坝的尾矿库在地形条件许可时，可采用溢洪道排洪，同时宜以排水井（或斜槽）控制库内运行水位；当上游汇水面积较大，库内调洪难以满足要求时，可采用上游设拦洪坝截洪和库内另设排洪系统的联合排洪系统。拦洪坝以上的库外排洪系统不宜与库内排洪系统合并；当与库内排洪系统合并时，必须进行论证，合并后的排水管（或隧洞）宜采用无压流控制。若采用压力流控制时应进行可靠性技术论证，必要时应通过水工模型试验确定；三等及三等以上尾矿库（库尾排矿的干式尾矿库除外）不得采用截洪沟排洪；当尾矿库周边地形、地质条件适合时，四等及五等尾矿库经论证可设截洪沟截洪分流。

6.4.3 汛期前应对排洪设施进行检查、维修和疏浚，确保排洪设施畅通。根据确定的排洪底坎高程，将排洪底坎以上1.5倍调洪高度内的挡板全部打开，清除排洪口前水面漂浮物；库内设清晰、醒目的水位观测标尺，标明正常运行水位和警戒水位。

2. 间接原因

（1）尾矿坝自身问题。尾矿库的服务期也就是整个尾矿筑坝期。这个筑坝施工和生产使用合一的漫长时期，少则五年、十年，多则十几年、几十年。这是尾矿库不同于一般建设工程的最突出特点，因此，多年来，尾矿筑坝都是由选矿厂的技术、生产部门负责组织实施。他们熟悉采矿、选矿、机械等专业，不熟悉和土石坝有关的土力学、水力学、水文学等学科知识，他们需要坝工技术支持和服务。尾矿坝及其构筑物所处的自然环境比较恶劣，需要经常进行管理、观测、维护和大修，以保证充分发挥其工程功能。失察、失修或者工程措施不当，或为了节约成本随意施工，都会留下隐患，甚至酿成大祸。由于以上原因，我国尾矿库的正常运行比例偏低，病害不断，重大事故时有发生。

（2）各自为政，监管滞后。表面看来，尾矿库监管部门不少，有安监、环保、土地、水保等部门监管，但是大都各管各的。例如，环保部门要求企业在坝上绿化植树，安监部门又从控制浸润线角度不允许植树，这样往往造成部门之间政令互相打架的现象。还有的监管部门，由于缺乏专业知识，很少去现场监查，有的去现场也看不懂哪里有问题，而且干扰了企业正常管理。

（3）企业本身重视程度不够。由于建尾矿坝是只花钱不见效益的工程，一些中小企业老板，大都不愿意花大把钱按部就班进行尾矿坝建设，因此，他们利用勘察设计施工监理市场不规范的漏洞，自行勘察设计，有的甚至不管水文及地质情况，在反滤层、基础处理及排洪系统等不可补救的关键部位偷工减料；特别是在尾矿坝管理上，他们用最少的投入，最少的人员应付了事，这样的事例在中小企业中时有发生。

（4）技术手段落后及技术人员匮乏。由于尾矿坝建设涉及的知识及专业较多，有些专业领域目前还处于不成熟阶段，有些是需要进一步研究的，有些需要投入较多的资金，有些需要有较多的经验。因此在施工及管理中往往缺乏能正确识别存在问题的技术人员及手段，导致一些不该发生的事故发生。

违反了《尾矿库安全监督管理规定》的第三条、第五条、第六条、第十条、第十四条的规定。

第三条　尾矿库建设、运行、回采、闭库的安全技术要求以及尾矿库等别划分标准，按照《尾矿库安全技术规程》（AQ 2006—2005）执行。

第五条　生产经营单位应当保证尾矿库具备安全生产条件所必

需的资金投入，建立相应的安全管理机构或者配备相应的安全管理人员、专业技术人员。

第六条　生产经营单位主要负责人和安全管理人员应当依照有关规定经培训考核合格并取得安全资格证书。

直接从事尾矿库放矿、筑坝、巡坝、排洪和排渗设施操作的作业人员必须取得特种作业操作证书，方可上岗作业。

第十条　尾矿库的勘察单位应当具有矿山工程或者岩土工程类勘察资质。设计单位应当具有金属非金属矿山工程设计资质。安全评价单位应当具有尾矿库评价资质。施工单位应当具有矿山工程施工资质。施工监理单位应当具有矿山工程监理资质。尾矿库的勘察、设计、安全评价、施工、监理等单位除符合前款规定外，还应当按照尾矿库的等别符合下列规定：

（一）一等、二等、三等尾矿库建设项目，其勘察、设计、安全评价、监理单位具有甲级资质，施工单位具有总承包一级或者特级资质。

（二）四等、五等尾矿库建设项目，其勘察、设计、安全评价、监理单位具有乙级或者乙级以上资质，施工单位具有总承包三级或者三级以上资质，或者专业承包一级、二级资质。

第十四条　尾矿库施工应当执行有关法律、行政法规和国家标准、行业标准的规定，严格按照设计施工，确保工程质量，并做好施工记录。生产经营单位应当建立尾矿库工程档案和日常管理档案，特别是隐蔽工程档案、安全检查档案和隐患排查治理档案，并长期保存。

（三）事故教训

据不完全统计，我国有色金属矿山因排洪系统失事引起的灾难几乎占尾矿坝事故的50%，排洪系统一旦有问题，就会导致洪水漫顶，引起溃坝发生。因此对尾矿坝排洪系统应从规划设计入手，严把施工关，进行科学管理，保证排洪系统安全畅通。坝基、坝肩及其他不同材料接触部位及尾矿与其他构筑物的接触部位是管涌破坏的易发处，正所谓千里之堤，溃于蚁穴。因此，在施工中应严格按规范及设计施工，这些部位的施工记录应该更为详细，反滤层、土工布应重点检查，角落夯压应专人负责；更不得随意抬高尾矿库运行水位，采取措施降低坝体的生命线——浸润线。缺乏管理、违规作业是中小尾矿坝普遍存在的现象。江西赣南某钨矿是违规作业的典型。有的是自行抬高库内水位；有的则属自行设计、自行施工的违规操作、设计、施工；有的是无人管理；还有的是自行变更设计坝坡、坝高、排（水）洪洞尺寸；有的是复制其他尾矿坝图样来应付检查等。所有这些，都可以通过强化监管、加强培训、咨询服务及行政与经济手段预防。

案例 2　湖北柳家沟尾矿库“12・4”泄漏事故

（一）事故经过

2011 年 12 月 4 日 15：40 分左右，湖北省郧西县人和矿业开发有限公司柳家沟尾矿库一号排水井封堵井盖断裂，导致约 6 000 m^3 尾矿泄漏，约 2 km 长的山涧沟河受污染，未造成人员伤亡。

郧西县人和矿业开发有限公司成立于 2008 年 6 月，为私营企业，其矿山为露天探矿，持有探矿证。该企业尾矿库设计总库容为 33.6 万 m^3，有效库容 26.8 万 m^3，总坝高 23 m，初期坝高 15 m，为五等库。该尾矿库建设履行了安全设施“三同时”手续，于 2011 年 4 月通过了由十堰市安全监管局组织的验收，未取得安全生产许可证。

（二）事故分析

1. 直接原因

据初步分析，导致尾矿泄漏的原因主要有两点：一是排水井筒采用砖砌，未按设计要求使用混凝土浇筑，强度不够；二是一号排水井封堵于井筒顶部，不符合应封堵于排水井底部的规定，加之封堵厚度不足，随着尾砂堆存和坝体的升高，导致封堵断裂和井筒上部破坏，发生尾砂流失和泄漏。违反了《尾矿设施设计规范》第6.1.5条、第6.3.9条以及《尾矿库安全技术规程》（AQ 2006—2005）第6.4.8条的规定。

《尾矿设施设计规范》第6.1.5条规定：地下排洪构筑物应采用钢筋混凝土结构，其基础应置于有足够承载力的基岩上。对于非岩基的地下排洪构筑物应采取可靠的工程措施。

《尾矿设施设计规范》第6.3.9条规定：设计排洪系统时，应考虑终止使用时在井座上部、井座和支洞进口或支洞内进行封堵的措施，封堵体宜采用刚性结构，封堵设计按《水工隧洞设计规范》SL279进行。严禁在井顶进行封堵。

排洪系统进行封堵时，应同时考虑封堵段下游的永久性结构安全和封堵段上游库内水压力对尾矿堆积坝渗透稳定安全和相邻排水建筑物安全的影响。

《尾矿库安全技术规程》（AQ 2006—2005）第6.4.8条规定：尾矿库排水构筑物停用后，必须严格按设计要求及时封堵，并确保施工质量。严禁在排水井井筒顶部封堵。

2. 间接原因

企业长期以探代采，非法从事采矿活动，尾矿库建设不规范，严重违反设计进行施工，长期无证运行，企业安全生产主体责任不落实，有关部门对尾矿库安全设施验收不严格等问题。违反了《尾矿库安全监督管理规定》的第十三条、第十四条、第十六条规定等。

《尾矿库安全监督管理规定》的第十三条：尾矿库建设项目应当进行安全设施设计并经安全生产监督管理部门审查批准后方可施

工。无安全设施设计或者安全设施设计未经审查批准的，不得施工。严禁未经设计并审查批准擅自加高尾矿库坝体。

《尾矿库安全监督管理规定》的第十四条：尾矿库施工应当执行有关法律、行政法规和国家标准、行业标准的规定，严格按照设计施工，确保工程质量，并做好施工记录。生产经营单位应当建立尾矿库工程档案和日常管理档案，特别是隐蔽工程档案、安全检查档案和隐患排查治理档案，并长期保存。

《尾矿库安全监督管理规定》的第十六条：尾矿库建设项目安全设施试运行应当向安全生产监督管理部门书面报告，试运行时间不得超过6个月，且尾砂排放不得超过初期坝坝顶标高。试运行结束后，建设单位应当组织安全设施竣工验收，并形成书面报告备查。安全生产监督管理部门应当加强对建设单位验收活动和验收结果的监督核查。

（三）事故教训

1. 企业必须认真开展尾矿库隐患自查工作，对查出的问题和隐患要立即整改，制定整改方案，明确责任，落实资金，限期整改；要结合尾矿库防汛要求，实施全面安全检查，尤其是黏土筑坝、干滩长度无法保障、排洪排渗设施有问题的。

2. 各级安全监管部门要督促企业严格执行《尾矿库安全技术规程》（AQ 2006—2005），制订尾矿库安全生产规章制度和岗位操作规程；要加强尾矿库技术管理，配备相关的技术管理人员；要严格尾矿库生产运行管理，加强监测监控，确保浸润线埋深、尾矿库干滩长度、安全超高、排水构筑物过流能力等重要指标符合设计要求；要加大安全生产投入，对尾矿库存在的隐患进行认真整改，确保尾矿库的安全生产。

3. 要按照《尾矿库安全监督管理规定》的要求，严格尾矿库安全许可审批，提高尾矿库设立准入门槛，防止先天不足尾矿库的产生，严把尾矿库设计质量关，严禁违规施工、超量储存、库内超水位蓄水和尾矿库带病运营。

4. 各级安全监管部门要与气象、交通、环保等部门建立联动机制，保持联系畅通，完善尾矿库事故的应急预案，落实各项应急措施。检查相关企业制定的尾矿库泄漏和溃坝事故的应急预案，督促企业做好尾矿库应急处置的培训和应急救援预案的演练工作，加强与下游联动，提高应对突发事件的处理、应变能力和应急响应速度，要落实防汛物资和防汛措施，健全防汛组织机构，确保尾矿库安全度汛。

五、必须建立监测监控系统并有效运行，落实定期巡查和值班值守制度

【规定解读】

尾矿库监测监控系统的功能在于监测尾矿库运行状态的各种参数，是为判断尾矿库运行状态是否正常提供科学依据的安全监测设

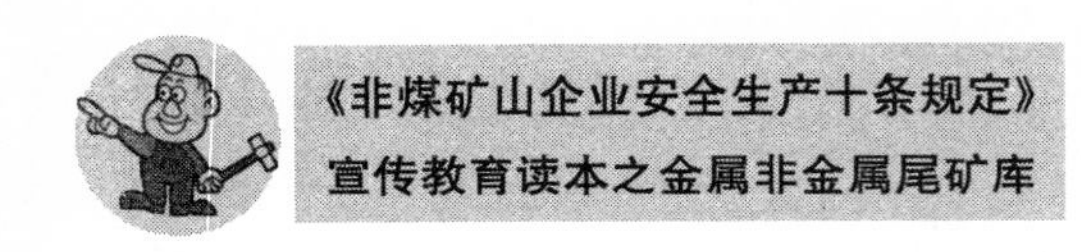

施的统称。《尾矿库安全监督管理规定》《尾矿库安全监测技术规范》（AQ 2030—2010）和《国家安全监管总局办公厅关于做好尾矿库在线监测系统安装工作的通知》（安监总厅管一〔2010〕219号）等均对尾矿库监测提出了相关要求：尾矿库的安全监测，必须根据尾矿库设计等别、筑坝方式、地形和地质条件、地理环境等因素，设置必要的监测项目及其相应设施，定期进行监测；一等、二等、三等尾矿库应当安装在线监测系统，鼓励四等尾矿库安装在线监测系统。本条规定是指生产经营单位应依据尾矿库的等别，按照设计建立尾矿库监测监控系统，并确保监测监控系统的有效运行。需要指出的是，在线监测系统不能代替人工监测系统，建立在线监测系统的生产经营单位也应按照《尾矿库安全技术规程》（AQ 2006—2005）的要求，定期对坝体位移、干滩长度、安全超高、浸润线埋深等进行人工监测。

《尾矿库安全监督管理规定》第二十三条规定：生产经营单位应当建立尾矿库事故隐患排查治理制度，按照本规定和《尾矿库安全技术规程》（AQ 2006—2005）的要求，定期组织尾矿库专项检查，对发现的事故隐患及时进行治理，并建立隐患排查治理档案；第二十一条规定：生产经营单位应当建立健全防汛责任制，实施24小时监测监控和值班值守。本条规定是指生产经营单位要按照相关规定要求，建立尾矿库事故隐患排查治理制度，定期组织开展尾矿库专项安全检查，对发现的事故隐患及时进行治理，并建立隐患排查治理档案。同时，生产经营单位还应加强尾矿库日常值班值守，特别是汛期时实施24小时监测监控和值班值守，及早发现隐患和险情，并采取有效防范措施。

【法律依据】

依据 1 《尾矿库安全监督管理规定》第八条规定：鼓励生产经营单位应用尾矿库在线监测、尾矿充填、干式排尾、尾矿综合利用等先进适用技术。

一等、二等、三等尾矿库应当安装在线监测系统。

鼓励生产经营单位将尾矿回采再利用后进行回填。

依据 2 《尾矿库安全监督管理规定》第二十一条规定：生产经营单位应当建立健全防汛责任制，实施 24 小时监测监控和值班值守，并针对可能发生的垮坝、漫顶、排洪设施损毁等生产安全事故和影响尾矿库运行的洪水、泥石流、山体滑坡、地震等重大险情制定并及时修订应急救援预案，配备必要的应急救援器材、设备，放置在便于应急时使用的地方。

应急预案应当按照规定报相应的安全生产监督管理部门备案，并每年至少进行一次演练。

依据 3 《尾矿库安全监督管理规定》第二十三条规定：生产经营单位应当建立尾矿库事故隐患排查治理制度，按照本规定和《尾矿库安全技术规程》（AQ 2006—2005）的规定，及时发现并消除事故隐患。事故隐患排查治理情况应当如实记录，建立隐患排查治理档案，并向从业人员通报。

依据 4 《尾矿库安全监测技术规范》（AQ 2030—2010）第 4.4.1 条规定：尾矿库的安全监测，必须根据尾矿库设计等别、筑坝方式、地形和地质条件、地理环境等因素，设置必要的监测项目及其相应设施，定期进行监测。

——一等、二等、三等、四等尾矿库应监测位移、浸润线、干滩、库水位、降水量，必要时还应监测孔隙水压力、渗透水量、混浊度。五等尾矿库应监测位移、浸润线、干滩、库水位。

——一等、二等、三等尾矿库应安装在线监测系统，四等尾矿库宜安装在线监测系统。

依据5 《尾矿设施设计规范》（GB 50863—2013）第3.4.1条规定：尾矿库应根据其设计等别、尾矿坝筑坝方式、尾矿及尾矿水污染物性质、地形地质条件及地理环境等因素，设置必要的安全和环保监测设施。三等及三等以上尾矿库应设置人工监测与自动监测相结合的安全监测设施。

依据6 《尾矿库安全技术规程》（AQ 2006—2005）第6.1.4条规定：做好日常巡检和定期观测，并进行及时、全面的记录，发现安全隐患时，应及时处理并向企业主管领导汇报。

【知识拓展】

问题1：尾矿库监测原则有哪些？监测内容是什么？

答：尾矿库监测原则如下：

1. 尾矿库安全监测应遵循科学可靠、布置合理、全面系统、经济适用的原则。

2. 监测仪器、设备、设施的选择，应先进和便于实现在线监测。

3. 监测布置应根据尾矿库的实际情况，突出重点，兼顾全面，统筹安排，合理布置。

4. 监测仪器、设备、设施的安装、埋设和运行管理，应确保施工质量和运行可靠。

5. 监测周期应满足尾矿库日常管理的要求，相关的监测项目应在同一时段进行。

6. 实施监测的尾矿库等别根据尾矿库设计等别确定，监测系统的总体设计应根据总坝高进行一次性设计，分步实施。

尾矿库监测内容包括：位移、渗流、干滩、库水位、降水量。

问题 2：尾矿库的安全监测工作在不同的阶段有何要求？

答：尾矿库的安全监测工作在不同阶段应做到：

1. 设计阶段：应提出安全监测系统的设计方案、技术要求、仪器设备清单和投资概算。

2. 施工阶段：应根据监测系统的设计和技术要求，由设计单位提出施工详图，承建施工单位做好仪器设备的埋设、安装、调试和保护；工程竣工验收时，应将竣工图、埋设记录、施工期记录及整理分析资料等全部汇编成工程档案，移交建设单位。

3. 试运行阶段：应缩短监测周期，验证所有检测设施、仪器运行的有效性和准确性，达到设计要求后投入正常运行。对不符合要求的仪器应调换更新。

4. 运行期间：应做好监测系统和全部监测设施的检查、维护、校正、监测资料的整编、监测报告的编写以及监测技术档案的建立。

问题 3：表面位移的监测布置有哪些注意事项？

答：表面位移的监测布置应注意以下几点：

1. 监测断面宜选在最大坝高断面、有排水管通过的断面、地基工程地质变化较大的地段及运行有异常反应处。

2. 初期坝顶和后期坝顶各布设一排，每 30～60 m 高差布设一排，一般不少于 3 排。

3. 测点的间距，一般坝长小于 300 m 时，宜取 20～100 m；坝长大于 300 m 时，宜取 50～200 m；坝长大于 1 000 m 时，宜取 100～300 m。

4. 各种基点均应布设在两岸岩石或坚实土基上。

问题 4：内部位移的监测布置有哪些注意事项？

答：内部位移的监测布置应注意以下几点：

1. 监测断面的布置应视尾矿库的等别、坝的结构型式和施工方法以及地质地形等情况而定，宜布置在最大坝高断面及其他特征断面（原河床、地质及地形复杂段、结构及施工薄弱段等）上，可设 1～3 个断面。

2. 每个监测断面上可布设 1～3 条监测垂线，其中一条宜布设在坝轴线附近。监测垂线的布置应尽量形成纵向监测断面。

3. 监测垂线上测点的间距，应根据坝高、结构形式、坝料特性、施工方法与质量等而定，一般为 2～10 m。每条监测垂线上宜布置 3～15 个测点。最下一个测点应置于坝基表面，以兼测坝基的沉降量。

4. 有条件时，可参照上述要求布设内部竖向位移监测。

问题 5：量水堰的设置和安装应符合哪些要求？

答：量水堰的设置和安装应符合以下要求：

1. 量水堰应设在排水沟直线段的堰槽段。该段应采用矩形断面，两侧墙应平行和铅直。槽底和侧墙应加砌护，不漏水，不受客水干扰。

2. 堰板应与堰槽两侧墙和来水流向垂直。堰板应平整和水平，高度应大于 5 倍的堰上水头。

3. 堰口水流形态必须为自由式。

4. 测读堰上水头的水尺或测针，应设在堰口上游 3～5 倍堰上水头处，尺身应铅直，其零点高程与堰口高程之差不得大于 1 mm。水尺刻度分辨率应为 1 mm；测针刻度分辨率应为 0.1 mm。必要时可在水尺或测针上游设栏栅稳流。

问题 6：尾矿库的检查有哪几类？

答：尾矿库的检查分为日常巡视检查、定期巡视检查和特别巡视检查 3 类。

1. 日常巡视检查：在尾矿库生产运行期，宜每天或每 2 天 1

次；但每周不少于2次；尾矿库闭库后，一般宜每周1次，或每月不少于2次，但汛期应增加次数。

2. 年度巡视检查：在每年的汛前汛后、冰冻较重的地区的冰冻期和融冰期、有蚁害地区的白蚁活动显著期等，由管理单位负责人组织领导，对尾矿库进行比较全面或专门的巡视检查。视地区不同而异，一般每年不少于2～3次。

3. 特别巡视检查：当尾矿库遇到严重影响安全运行的情况（如发生暴雨、洪水、地震、强热带风暴，以及库水位骤升骤降或持续高水位等）、发生比较严重的破坏现象或出现其他危险迹象时，应由主管单位负责组织特别检查，必要时应组织专人对可能出现险情的部位进行连续监视。

问题7：在线监测系统应该具备哪些基本功能？

答：在线监测系统应具备下列基本功能：

1. 数据自动采集功能。

2. 现场网络数据通信和远程通信功能。

3. 数据存储及处理分析功能。

4. 综合预警功能。

5. 防雷及抗干扰功能。

6. 其他辅助功能，包括数据备份、掉电保护、自诊断及故障显示等功能。

问题8：在线监测系统的选择，应该符合哪些基本性能要求？

答：在线监测系统的选择，应符合下列基本性能要求：

1. 巡测采样时间小于30 min，单点采样时间小于3 min。

2. 测量周期为10 min～30 d，可调。

3. 监控中心环境温度保持在20～30°C，湿度保持不大于85%。

4. 系统工作电压为220（1±10%）V。

5. 系统故障率不大于5%。

6. 防雷电感应不小于1 000 V。

7. 采集装置测量范围满足被测对象有效工作范围的要求。

问题9：在线监测系统的布置和设备的选择应符合哪些要求？

答：1. 在线监测系统的布置，应符合下列要求：

（1）在线监测系统的更新改造设计应在完成原有仪器设备检验和鉴定后进行。

（2）在线监测系统控制中心的设置应符合国家现行的有关控制室或计算机机房的规定。

2. 在线监测系统设备的选择应符合下列要求：

（1）数据采集装置：能适应应答式和自报式2种方式，按设定的方式自动进行定时测量，接收命令进行选点、巡回检测及定时检测。

（2）计算机系统：与数据采集装置连接在一起的监控主机和监测中心的管理计算机配置应满足在线监测系统的要求，并应配置必要的外部设备。

（3）数据通信：数据采集装置和监控主机之间可采用有线和（或）无线网络通信，尾矿库安全监测站或网络工作组应根据要求提供网络通信接口。

问题10：尾矿坝的安全检查有哪些要求？

答：1. 尾矿坝安全检查内容：包括坝的轮廓尺寸、变形、裂缝、滑坡和渗漏、坝面保护等。尾矿坝的位移监测可采用视准线法和前方交会法；尾矿坝的位移监测每年不少于4次，位移异常变化时应增加监测次数；尾矿坝的水位监测包括库水位监测和浸润线监测；水位监测每月不少于1次，暴雨期间和水位异常波动时应增加监测次数。

2. 检测坝的外坡坡比：每100 m坝长不少于2处，应选在最大坝高断面和坝坡较陡断面。水平距离和标高的测量误差不大于10 mm。尾矿坝实际坡陡于设计坡比时，应进行稳定性复核，若稳定性不足，则应采取措施。

3. 检查坝体位移：要求坝的位移量变化应均衡，无突变现象，且应逐年减小。当位移量变化出现突变或有增大趋势时，应查明原因，妥善处理。

4. 检查坝体有无纵、横向裂缝：坝体出现裂缝时，应查明裂缝的长度、宽度、深度、走向、形态和成因，判定危害程度，妥善处理。

5. 检查坝体滑坡：坝体出现滑坡时，应查明滑坡位置、范围、形态以及滑坡的动态趋势。

6. 检查坝体浸润线的位置：应查明坝面浸润线出逸点位置、范围和形态。

7. 检查坝体排渗设施：应查明排渗设施是否完好、排渗效果及排水水质。

8. 检查坝体渗漏：应查明有无渗漏出逸点，出逸点的位置、形态、流量及含沙量等。

9. 检查坝面保护设施：检查坝肩截水沟和坝坡排水沟断面尺寸，沿线山坡稳定性，护砌变形、破损、断裂和磨蚀，沟内淤堵等；检查坝坡土石覆盖保护层实施情况。

问题 11：尾矿库库区安全检查内容有哪些?

答：1. 尾矿库库区安全检查主要内容：周边山体稳定性，违章建筑、违章施工和违章采选作业等情况。检查周边山体滑坡、塌方和泥石流等情况时，应详细观察周边山体有无异常和急变，并根据工程地质勘察报告，分析周边山体发生滑坡可能性。

2. 检查库区范围内危及尾矿库安全的主要内容：违章爆破、采石和建筑，违章进行尾矿回采、取水，外来尾矿、废石、废水和废弃物排入，放牧和开垦等。

【案例适用】

案例1　陕西省永恒矿建公司双河钒矿尾矿库泄漏事故

（一）事故经过

2008年7月22日凌晨5:30左右，位于陕西省商洛市山阳县王闫乡双河村的永恒矿建公司双河钒矿，因尾矿库1号排洪斜槽竖井井壁及其连接排洪隧洞进口端突然发生塌陷，约9 300 m^3 的尾矿泥沙和库内废水泄漏，造成该县王闫乡双河、照川镇东河约6 km河段河水受到污染，450亩农田被淤积淹没，危及出陕进入湖北郧西谢家河流域环境安全，直接经济损失达192.6万元。

（二）事故分析

1. 直接原因

排洪竖井顶端接近地表，地质条件差，岩石风化较强，受“5·12”汶川特大地震及余震影响，地质结构发生了一定的变化，且尾矿库压力随着堆高日益增加。排洪斜槽坡度较陡，泄洪时流速较高，水流直接冲刷井壁，随着尾矿库使用时间的延长，岩石的强度逐渐降低。违反了《尾矿库安全监督管理规定》的第三条：尾矿库建设、运行、回采、闭库的安全技术要求以及尾矿库等别划分标准，按照《尾矿库安全技术规程》（AQ 2006—2005）执行。

2. 间接原因

该尾矿库的地质勘察、设计、施工未按正规程序进行，且施工单位无资质，无法保证其工程质量，加上排洪竖井未衬砌，无梯子、无照明，企业安全隐患检查出现疏漏，隐患排查整改不到位等。

违反了《尾矿库安全监督管理规定》的第十条、第十四条、第二十三条的规定：

第十条　尾矿库的勘察单位应当具有矿山工程或者岩土工程类勘察资质。设计单位应当具有金属非金属矿山工程设计资质。安全评价单位应当具有尾矿库评价资质。施工单位应当具有矿山工程施工资质。施工监理单位应当具有矿山工程监理资质。尾矿库的勘察、设计、安全评价、施工、监理等单位除符合前款规定外，还应当按照尾矿库的等别符合下列规定：

（一）一等、二等、三等尾矿库建设项目，其勘察、设计、安全评价、监理单位具有甲级资质，施工单位具有总承包一级或者特级资质；

（二）四等、五等尾矿库建设项目，其勘察、设计、安全评价、监理单位具有乙级或者乙级以上资质，施工单位具有总承包三级或者三级以上资质，或者专业承包一级、二级资质。

第十四条　尾矿库施工应当执行有关法律、行政法规和国家标准、行业标准的规定，严格按照设计施工，确保工程质量，并做好施工记录。生产经营单位应当建立尾矿库工程档案和日常管理档案，特别是隐蔽工程档案、安全检查档案和隐患排查治理档案，并长期保存。

第二十三条　生产经营单位应当建立尾矿库事故隐患排查治理制度，按照本规定和《尾矿库安全技术规程》（AQ 2006—2005）的规定，及时发现并消除事故隐患。事故隐患排查治理情况应当如实记录，建立隐患排查治理档案，并向从业人员通报。

违反了《尾矿库安全技术规程》（AQ 2006—2005）6.1.4 的规定：

6.1.4　做好日常巡检和定期观测，并进行及时、全面的记录。发现安全隐患时，应及时处理并向企业主管领导报告。

（三）事故教训

1. 正确合法地勘测、设计、施工，是尾矿库安全的基本保障，严禁违法运行与违规操作等不合法行为。

2. 有效的尾矿库监测监控系统，是保障尾矿库安全运行的基础条件之一，是落实生产经营单位安全主体责任的有效措施。但在实际运行过程中，许多企业对于监测监控系统的重要性及自身的安全责任认识有限，忽视了安全工作。

3. 建立隐患排查治理制度，定期组织实施尾矿库专项检查，安排日常值班值守，落实尾矿库应急处置，开展一系列有效的防范措施，有助于生产经营单位安全责任的落实。

案例 2　广东信宜紫金洪水漫顶溃坝事故

（一）事故经过

2010 年 9 月 20 日，超强台风“凡亚比”持续肆虐，广东省茂名市所辖的信宜等地出现特大暴雨。9 月 21 日早晨，坐落在信宜市钱排镇达垌村 800 m 外山坳中的紫金银岩锡矿尾库水量暴涨，汹涌的洪水裹挟着泥石流，冲垮了尾库坝，导致尾库坝下端的达垌村、双合村遭遇没顶之灾，达垌村死亡 5 人，双合村死亡 17 人。灾后核定，两村全倒户达 523 户、受损户达 815 户。

（二）事故分析

1. 直接原因

（1）台风“凡亚比”引起的特大暴雨降水量，超过 200 年一遇。经查，银岩锡矿周边地区 200 年一遇 24 小时最大降水量为 424 mm。受台风“凡亚比”影响，此次该地区 24 小时最大降水量为 427 mm，超 200 年一遇的实际值。

（2）尾矿库排水井在施工过程中被擅自抬高进水口标高、企业对尾矿库运行管理安全责任不落实。经查，该尾矿库 1 号排水井最低进水口原设计标高为 749 m，但实际标高为 751.597 m，被擅自修改抬高了 2.597 m，严重影响了排水井的泄洪能力。

（3）信宜紫金公司对尾矿库的运行管理安全责任不落实。按规定，在汛期来临前，企业要把1号排水井下部6个进水孔拱板全部打开，将尾矿库区水位降到最低。但经现场核查，1号排水井下部6个进水孔基本被拱板挡住，造成超蓄而降低排洪能力。

违反了《尾矿库安全监督管理规定》中的第四条、第十三条的规定：

第四条　尾矿库生产经营单位（以下简称生产经营单位）应当建立健全尾矿库安全生产责任制，建立健全安全生产规章制度和安全技术操作规程，对尾矿库实施有效的安全管理。

第十三条　尾矿库建设项目应当进行安全设施设计并经安全生产监督管理部门审查批准后方可施工。无安全设施设计或者安全设施设计未经审查批准的，不得施工。严禁未经设计并审查批准擅自加高尾矿库坝体。

违反了《尾矿库安全技术规程》（AQ 2006—2005）6.4.3的规定：

6.4.3　汛期前应对排洪设施进行检查、维修和疏浚，确保排洪设施畅通。根据确定的排洪底坎高程，将排洪底坎以上1.5倍调洪高度内的挡板全部打开，清除排洪口前水面漂浮物；库内设清晰醒目的水位观测标尺，标明止常运行水位和警戒水位。

2. 间接原因

尾矿库设计标准水文参数和汇水面积取值不合理，致使该尾矿库实际防洪标准偏低。

（1）原设计200年一遇标准降雨量取值不合理。经复核，银岩锡矿区200年一遇降雨量应为424 mm，而原设计选取200年一遇降雨量为379.5 mm，偏差44.5 mm。

（2）尾矿库汇水面积设计取值存在较大误差。原设计采用的尾

矿库汇水面积为2.503 km²，而经省国土资源测绘院（测绘甲级资质）重新测量，高旗岭尾矿库的总汇水面积实际应为3.743 km²，设计取值比实际值小1.24 km²，导致排洪压力比原设计的大。

（3）原设计未考虑设置应急排洪设施。尾矿库安全预评价报告提出，按200年一遇暴雨洪水标准，调洪水位距坝顶仅0.03 m，不满足1.0 m的规范要求，有洪水漫坝可能，建议在初期坝使用时期，加设应急排洪设施。但现场勘查时没有发现应急排洪设施。

（4）有关政府和职能部门未依法认真履行职责，对信宜紫金公司违法违规建设运行尾矿库以及安全生产等问题执法和把关不严，监管和检查不到位，对事件的发生负有管理责任。

违反了《尾矿库安全监督管理规定》中的第三条、第二十五条、第三十三条的规定：

第三条　尾矿库建设、运行、回采、闭库的安全技术要求以及尾矿库等别划分标准，按照《尾矿库安全技术规程》（AQ 2006—2005）执行。

第二十五条　尾矿库发生坝体坍塌、洪水漫顶等事故时，生产经营单位应当立即启动应急预案，进行抢险，防止事故扩大，避免和减少人员伤亡及财产损失，并立即报告当地县级安全生产监督管理部门和人民政府。

第三十三条　安全生产监督管理部门应当严格按照有关法律、行政法规、国家标准、行业标准以及本规定要求和“分级属地”的原则，进行尾矿库建设项目安全设施设计审查；不符合规定条件的，不得批准。审查不得收取费用。

（三）事故教训

1. 安全监管部门和负有安全监管责任的其他部门要认真履行职责，强化对企业的安全生产监管工作。

2. 各级政府要督促企业进一步落实安全生产主体责任，落实以法定代表人负责制为核心的各级安全生产责任制。

3. 有关部门要加强对相关中介机构的监督管理，落实设计、施工、监理、安全许可等单位和中介评价机构的责任。

六、必须限期消除病库安全隐患，严禁危库、险库生产运行

【规定解读】

《尾矿库安全技术规程》（AQ 2006—2005）中根据尾矿库防洪能力和尾矿坝坝体稳定性，将尾矿库安全度分为危库、险库、病

库、正常库四级。《国家安全监管总局等七部门关于印发深入开展尾矿库综合治理行动方案的通知》要求：建立完善并严格执行尾矿库安全检查和隐患排查治理制度，切实做到措施、责任、资金、时限和预案"五落实"。对排查出的危库、险库要责令停产，采取应急措施排除险情，对经整改仍达不到安全生产条件的，要提请地方政府依法予以关闭，并履行闭库程序；对病库要限期整改消除隐患，使之达到正常库标准，争取到2015年年底基本消除危、险尾矿库，全国病库数量控制在已取证尾矿库总数的5%以内。

本条规定是指：对危库必须停产，采取应急措施；对险库必须立即停产，及时消除险情；对病库必须限期整改，及时消除安全隐患。

【法律依据】

依据1 《尾矿库安全技术规程》（AQ 2006—2005）第8条规定：

8. 尾矿库安全度

8.1 尾矿库安全度分类

尾矿库安全度主要根据尾矿库防洪能力和尾矿坝坝体稳定性确定。分为危库、险库、病库、正常库四级。

8.2 危库

危库指安全没有保障，随时可能发生垮坝事故的尾矿库。危库必须停止生产并采取应急措施。

尾矿库有下列工况之一的为危库：

a）尾矿库调洪库容严重不足，在设计洪水位时，安全超高和最小干滩长度都不满足设计要求，将可能出现洪水漫顶；

b）排洪系统严重堵塞或坍塌，不能排水或排水能力急剧降低；

c）排水井显著倾斜，有倒塌的迹象；

d）坝体出现贯穿性横向裂缝，且出现较大范围管涌、流土变形，坝体出现深层滑动迹象；

e）经验算，坝体抗滑稳定最小安全系数小于表6规定值的0.95；

f）其他严重危及尾矿库安全运行的情况。

8.3 险库

险库指安全设施存在严重隐患，若不及时处理将会导致垮坝事故的尾矿库。险库必须立即停产，排除险情。

尾矿库有下列工况之一的为险库：

a）尾矿库调洪库容不足，在设计洪水位时，安全超高和最小干滩长度均不满足设计要求；

b）排洪系统部分堵塞或坍塌，排水能力有所降低，达不到设计要求；

c）排水井有所倾斜；

d）坝体出现浅层滑动迹象；

e）经验算，坝体抗滑稳定最小安全系数小于表6规定值的0.98；

f）坝体出现大面积纵向裂缝，且出现较大范围渗透水高位出逸，出现大面积沼泽化；

g）其他危及尾矿库安全运行的情况。

8.4 病库

病库指安全设施不完全符合设计规定，但符合基本安全生产条件的尾矿库。病库应限期整改。尾矿库有下列工况之一的为病库：

a）尾矿库调洪库容不足，在设计洪水位时不能同时满足设计规定的安全超高和最小干滩长度的要求；

b）排洪设施出现不影响安全使用的裂缝、腐蚀或磨损；

c）经验算，坝体抗滑稳定最小安全系数满足表6规定值，但部分高程上堆积边坡过陡，可能出现局部失稳；

d）浸润线位置局部较高，有渗透水出逸，坝面局部出现沼泽化；

e）坝面局部出现纵向或横向裂缝；

f）坝面未按设计设置排水沟，冲蚀严重，形成较多或较大的冲沟；

g）坝端无截水沟，山坡雨水冲刷坝肩；

h）堆积坝外坡未按设计覆土、植被；

i）其他不影响尾矿库基本安全生产条件的非正常情况。

8.5 正常库

尾矿库同时满足下列工况的为正常库：

a）尾矿库在设计洪水位时能同时满足设计规定的安全超高和最小干滩长度的要求；

b）排水系统各构筑物符合设计要求，工况正常；

c）尾矿坝的轮廓尺寸符合设计要求，稳定安全系数满足设计要求；

d）坝体渗流控制满足要求，运行工况正常。

依据2 《尾矿库安全监督管理规定》第二十条规定：尾矿库经安全现状评价或者专家论证被确定为危库、险库和病库的，生产经营单位应当分别采取下列措施：

（一）确定为危库的，应当立即停产，进行抢险，并向尾矿库所在地县级人民政府、安全生产监督管理部门和上级主管单位报告；

（二）确定为险库的，应当立即停产，在限定的时间内消除险情，并向尾矿库所在地县级人民政府、安全生产监督管理部门和上级主管单位报告；

（三）确定为病库的，应当在限定的时间内按照正常库标准进行整治，消除事故隐患。

依据3 《中华人民共和国安全生产法》第六十条规定：负有安全生产监督管理职责的部门依照有关法律、法规的规定，对涉及安全生产的事项需要审查批准（包括批准、核准、许可、注册、认证、颁发证照等，下同）或者验收的，必须严格依照有关法律、法规和国家标准或者行业标准规定的安全生产条件和程序进行审查；不符合有关法律、法规和国家标准或者行业标准规定的安全生产条件的，不得批准或者验收通过。对未依法取得批准或者验收合格的单位擅自从事有关活动的，负责行政审批的部门发现或者接到举报后应当立即予以取缔，并依法予以处理。对已经依法取得批准的单位，负责行政审批的部门发现其不再具备安全生产条件的，应当撤销原批准。

依据4 《中华人民共和国安全生产法》第六十二条规定：安全生产监督管理部门和其他负有安全生产监督管理职责的部门依法开展安全生产行政执法工作，对生产经营单位执行有关安全生产的法律、法规和国家标准或者行业标准的情况进行监督检查，行使以下职权：

（一）进入生产经营单位进行检查，调阅有关资料，向有关单位和人员了解情况；

（二）对检查中发现的安全生产违法行为，当场予以纠正或者要求限期改正；对依法应当给予行政处罚的行为，依照本法和其他有关法律、行政法规的规定作出行政处罚决定；

（三）对检查中发现的事故隐患，应当责令立即排除；重大事故隐患排除前或者排除过程中无法保证安全的，应当责令从危险区域内撤出作业人员，责令暂时停产停业或者停止使用相关设施、设备；重大事故隐患排除后，经审查同意，方可恢复生产经营和使用；

（四）对有根据认为不符合保障安全生产的国家标准或者行业标准的设施、设备、器材以及违法生产、储存、使用、经营、运输的危险物品予以查封或者扣押，对违法生产、储存、使用、经营危险物品的作业场所予以查封，并依法做出处理决定。

监督检查不得影响被检查单位的正常生产经营活动。

依据 5 《中华人民共和国安全生产法》第六十七条规定：负有安全生产监督管理职责的部门依法对存在重大事故隐患的生产经营单位做出停产停业、停止施工、停止使用相关设施或者设备的决定，生产经营单位应当依法执行，及时消除事故隐患。生产经营单位拒不执行，有发生生产安全事故的现实危险的，在保证安全的前提下，经本部门主要负责人批准，负有安全生产监督管理职责的部门可以采取通知有关单位停止供电、停止供应民用爆炸物品等措施，强制生产经营单位履行决定。通知应当采用书面形式，有关单位应当予以配合。

负有安全生产监督管理职责的部门依照前款规定采取停止供电措施，除有危及生产安全的紧急情形外，应当提前二十四小时通知生产经营单位。生产经营单位依法履行行政决定、采取相应措施消除事故隐患的，负有安全生产监督管理职责的部门应当及时解除前款规定的措施。

依据 6 《中华人民共和国矿山安全法》第四十二条规定：矿山建设工程安全设施的设计未经批准擅自施工的，由管理矿山企业的主管部门责令停止施工；拒不执行的，由管理矿山企业的主管部门提请县级以上人民政府决定由有关主管部门吊销其采矿许可证和营业执照。

依据 7 《中华人民共和国矿山安全法》第四十三条规定：矿

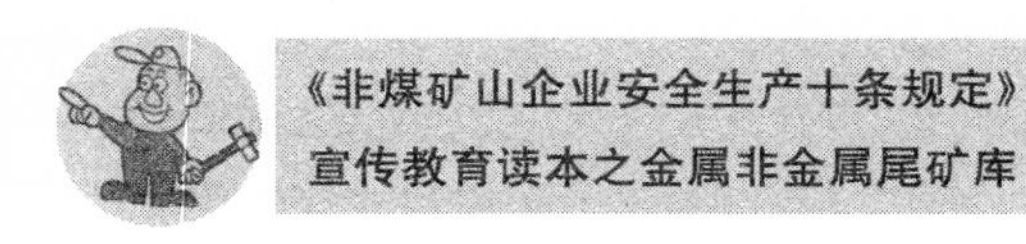

山建设工程的安全设施未经验收或者验收不合格擅自投入生产的，由劳动行政主管部门会同管理矿山企业的主管部门责令停止生产，并由劳动行政主管部门处以罚款；拒不停止生产的，由劳动行政主管部门提请县级以上人民政府决定由有关主管部门吊销其采矿许可证和营业执照。

依据 8 《中华人民共和国矿山安全法》第四十四条规定：已经投入生产的矿山企业，不具备安全生产条件而强行开采的，由劳动行政主管部门会同管理矿山企业的主管部门责令限期改进；逾期仍不具备安全生产条件的，由劳动行政主管部门提请县级以上人民政府决定责令停产整顿或者由有关主管部门吊销其采矿许可证和营业执照。

依据 9 《国务院关于进一步加强企业安全生产工作的通知》第二十六条规定：强制淘汰落后技术产品。不符合有关安全标准、安全性能低下、职业危害严重、危及安全生产的落后技术、工艺和装备要列入国家产业结构调整指导目录，予以强制性淘汰。各省级人民政府也要制订本地区相应的目录和措施，支持有效消除重大安全隐患的技术改造和搬迁项目，遏制安全水平低、保障能力差的项目建设和延续。对存在落后技术装备、构成重大安全隐患的企业，要予以公布，责令限期整改，逾期未整改的依法予以关闭。

【知识拓展】

问题 1：什么是安全隐患？

答：安全隐患一般指事故隐患。在日常的生产过程或社会活动中，由于人的因素、物的变化以及环境的影响等，会产生各种各样的问题、缺陷、故障、苗头、隐患等不安全因素，如果不发现、不查找、不消除，会打扰和影响生产过程或社会活动的正常进行。这些不安全因素有的是疵点、缺点，只要检查发现后进行消缺处理，便不会生成激发潜能（如动能、势能、化学能、热能等）的条件；有的则具有生成激发潜能的条件，形成事故隐患，不进行整治或不采取有效安全措施，易导致事故的发生。事故隐患分为一般事故隐患和重大事故隐患。

一般事故隐患，是指作业场所、设备及设施的不安全状态，人的不安全行为和管理上的缺陷，是引发安全事故的直接原因。重大事故隐患，是指可能导致重大人身伤亡或者重大经济损失的事故隐患，加强对重大事故隐患的控制管理，对于预防特大安全事故具有重要意义。

问题 2：获取尾矿库事故隐患存在信息的途径有哪些？

答：1. 施工班组每天上岗前检查和作业中检查，工地安全员每日每时巡回监督检查，不间断地收集动态信息。

2. 设备、安全、技术、施工、消防、卫生等各种专业人员的不定期检查，了解关键设备、重点部位、受监控的危险点（源）和安全卫生、消防设施的工作状态，从中可能掌握安全信息。

3. 各种形式的安全生产大检查（如季节性安全检查、节假日前安全检查、每月一次的公司大检查等），可以得到大量安全信息（如问题、缺陷、苗子甚至直接的隐患）。

4. 在基础和主体结构施工中进行隐蔽工程验收、分部分项质量评定等，从中发现结构安全隐患、缺陷或问题。

5. 通过机械设备大检修、中修或紧急停机后的抢修，获取有关机械设备的实际安全信息。

6. 通过事故分析，举一反三，吸取教训，寻找隐患。

7. 运用危险性预分析、安全评价、风险评估、事故树逻辑分析等各种安全科学方法，寻找潜在危险，发现事故隐患。

问题 3：事故隐患怎样分类？

答：事故隐患，是指生产经营单位违反安全生产法律、法规、

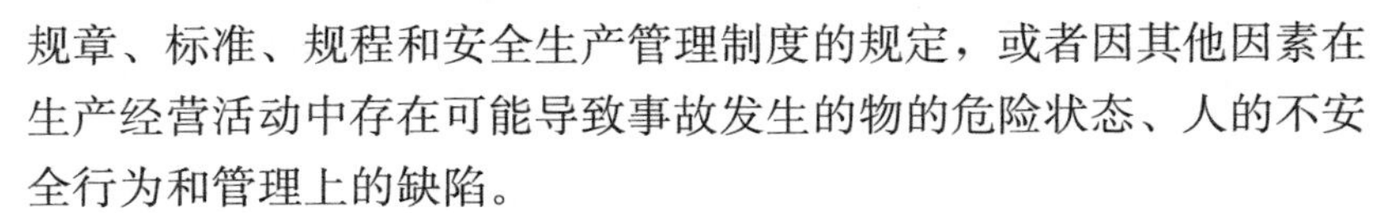

规章、标准、规程和安全生产管理制度的规定，或者因其他因素在生产经营活动中存在可能导致事故发生的物的危险状态、人的不安全行为和管理上的缺陷。

事故隐患分为一般事故隐患和重大事故隐患。

一般事故隐患，是指危害和整改难度较小，发现后能够立即整改排除的隐患。

重大事故隐患，是指危害和整改难度较大，应当全部或者局部停产停业，并经过一定时间整改治理方能排除的隐患，或者因外部因素影响致使生产经营单位自身难以排除的隐患。

问题 4：尾矿库安全隐患主要表现在哪些方面？

答： 1. 尾矿库数量大，小库多，先天问题严重，基础薄弱。

据统计，全国尾矿库中，库容在 100 万 m^3 以下的五等库约占尾矿库总数的 74.4%，其中非公有制企业占相当大的比例。这些小型尾矿库绝大部分是在一定历史条件下形成的，普遍存在未批先建、选址不合理、无正规设计、设备设施简陋、不按设计组织施工、从业人员素质低、生产管理粗放、安全防范措施落实不到位等问题。特别是 2004 年前建设使用的尾矿库，均未履行建设项目安全设施“三同时”程序，安全设施设计审查和竣工验收由企业自行组织，标准低、把关不严等问题比较普遍，防范事故风险的能力薄弱。

2. 违章指挥、违规作业时有发生，尾矿库安全环保形势依然严峻。

2014 年，全国尾矿库共发生事故 8 起，其中：4 起造成环境污染，4 起造成 5 人死亡。这 4 起死亡事故主要由非法生产、违章指挥或违反操作规程等原因造成，分别是河北发生 1 起、死亡 2 人，内蒙古、山东、陕西各发生 1 起、死亡 1 人。

3. 停用库大量存在，“头顶库”“三边库”、废弃库治理难度大。

截至2014年底，全国有停用库1 872座（其中废弃库690座），约占全国尾矿库总数的16.5%。部分停用尾矿库安全环保措施不落实，值班值守制度执行不到位，隐患比较严重。截至2014年底，全国有1 451座“头顶库”和466座“三边库”，这些尾矿库安全风险程度高，易导致重特大生产安全事故和突发环境事件，亟须治理。

4. 矿业经济持续低迷，企业主体责任落实不到位。

受矿业经济持续低迷的影响，一些尾矿库企业由于经济效益差等原因，安全环保投入不足，主体责任落实不到位，尾矿库日常安全运行和维护得不到有效保障，隐患排查治理不及时，长期停用的尾矿库未实施闭库，甚至存在一些尾矿库企业破产、业主逃逸的现象，把存在重大安全环保隐患的尾矿库甩给地方政府，给库区周边群众的生命财产和环境安全带来了新的威胁。

5. 一些地方及有关部门监管力度需要进一步加强。

个别市（地、州）、县（市、区）尾矿库安全、环保监管责任不落实，对企业违法违规行为处理措施不严，处罚力度不够；中央财政支持的尾矿库隐患治理项目地方政府配套资金落实缓慢，影响了项目进度；安全生产许可证颁发管理工作相对滞后，部分尾矿库闭库措施不到位；一些地区监管力量薄弱、专业人才缺乏、部门联合执法机制不健全等问题比较突出。

6. 尾矿库问题已经成为制约一些地方经济发展和影响社会稳定的重要因素。

近年来，一些以矿业经济为主导、尾矿库比较集中的地区，尾矿库安全环保问题已经衍生为重大的经济发展问题和社会稳定问题。一方面，尾矿库建设成为矿业发展的瓶颈，普遍存在选址难、审批难、搬迁难以及建设新库费用高、周期长的问题，直接制约当地矿业发展和经济发展；另一方面，由于部分尾矿库存在安全环保隐患，地方财政及企业无力治理，群众上访情况时有发生，甚至引发群体性事件，在一定程度上影响了当地社会的和谐稳定。

【案例适用】

案例　潘洛铁矿尾矿库“6·13”山体滑坡事故

（一）事故经过

1993年6月13日8:55，福建省潘洛铁矿尾矿库左侧距坝址约300 m处坡边，突然发生滑坡。滑坡休上沿标高为480 m，下沿标高为329 m，宽约130 m，厚约30 m，体积为56万～60万 m^3，其中，约4万 m^3 老土滑入尾矿库有效库容，导致库内淤泥积水溢出坝外，形成泥石流，酿成特大灾害。

此次特大灾害造成8人死亡，6人失踪，9人受伤（其中重伤4人）。失踪6人为滑坡体下部直接掩埋所致，其他遇难人员均为坝外泥石流造成。初步估算，直接经济损失达50多万元。其中，潘洛铁矿4号、5号泵站，1号溢水塔、排水管道、矿石收购站等被摧毁，尾矿库基本报废，1 600多吨铁矿被掩埋，2 000 m 380 V输电线路和300 m尾矿输送管被毁坏，机修车间部分房屋后设备毁损，共计直接经济损失30多万元。当地芦芝方（包括大深村）1个铁矿、2个高岭土矿（其中，1个与潘洛铁矿联营）被毁，1 000多吨成品铁矿和50多吨高岭土被掩埋，共计经济损失200多万元。灾害还直接影响了潘洛铁矿和三明钢铁厂的正常生产。

（二）事故分析

1. 直接原因

该时段降雨量激增，滑动面被降水充分润滑，在高岭土与下摩擦力处于最低值时，雨停湿陷作用（滑坡是在雨停后一段时间发生的）终使原处于相对段落的滑坡体急剧下滑，导致1号溢流塔倒塌。巨大石灰石块体抛移300多米落在尾矿库坝上，约4万 m^3 岩土抛八尾矿库形成巨大冲击力，使库内淤泥积水腾空飞溅溢出坝外形成泥石流，横扫下游1 km^2 里区域，将4号、5号泵站夷为平地，导致人员伤亡和输电线路、输沙管道等被摧毁。事故发生时矿库已基本报废，本应立即停止生产，违反了《尾矿库安全监督管理规定》第二十条规定：尾矿库经安全现状评价或者专家论证被确定为危库、险库和病库的，生产经营单位应当分别采取下列措施：

（一）确定为危库的，应当立即停产，进行抢险，并向尾矿库所在地县级人民政府、安全生产监督管理部门和上级主管单位报告；

（二）确定为险库的，应当立即停产，在限定的时间内消除险情，并向尾矿库所在地县级人民政府、安全生产监督管理部门和上级主管单位报告；

（三）确定为病库的，应当在限定的时间内按照正常库标准进行整治，消除事故隐患。

2. 间接原因

（1）设计选址时遗留的隐患。该滑坡体在尾矿库建成之前就已形成，因为滑坡体上可见多级弧形滑落阶梯。据地质勘探资料显示，一条逆断层通过滑坡体，形成断层破碎带，局部富集铁矿和高岭土，中部还夹石灰石，与下伏基谷形成滑动面。滑动面上部较陡，滑体中部有泉水出露，证明滑坡体结构松散，裂隙、孔隙发育、地下水活动强烈。

（2）个体户和地方企业在库区以内乱采滥挖。1977—1982年期间在滑体中部开采石灰石，使其平衡受到破坏。今年4月以来，又在其边缘以洞采方式开采铁矿和修建机动车运输便道，使滑体受到扰动。

3. 事故违反的法律法规

违反了《中华人民共和国矿山安全法》第四十四条规定：已经投入生产的矿山企业，不具备安全生产条件而强行开采的，由劳动行政主管部门会同管理矿山企业的主管部门责令限期改进，逾期仍不具备安全 生产条件的，由劳动行政主管部门提请县级以上人民政府决定责令停产整顿或者由有关主管部门吊销其采矿许可证或者营业执照。

（三）事故教训

1. 据当地群众反映，该滑坡体先于尾矿库建成之前就已存在，应吸取教训，限期消除病库安全隐患，严禁危库、险库生产运行。

2. 滑坡、泥石流等是水土流失的重要表现形式，其危害程度远大于面蚀等其他侵蚀，许多国家对此类侵蚀的研究和防治十分重视，此次灾害发生后，要重视这类侵蚀的调查研究和防治。

3.《水土保持法》及相关法律、法规都有明确规定，在山区、丘陵区开办矿山企业，必须持有水土保持部门同意的水土保持方案。漳平市芦芝乡及大深村的一些单位和个人，无视水土保持有关法律法规之规定，提经水土保持部门同意，擅自在极其危险的沿坡体上及边缘采矿、修路，是酿成此次特大灾害的重要人为因素。今后水保部门必须根据《水土保持法》加强对各项基本建设项目的审批工作。在严格把好水土保持方案这一关，防患于未然。

4. 尾矿库已基本报废，有关方面应妥善做好闭库后的综合治理工作，当务之急是有效地疏导洪流，防止再度出现险情。

5. 该矿排土场也处于矿部及生活区上方，地理位置十分不利。通过这次灾害教训，应进行一次全面认真的调查，发现隐患及时处理，保障生命财产的安全。

七、必须加强“头顶库”安全管理

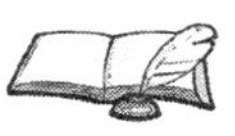

【规定解读】

“头顶库”是指下游很近距离内有居民或重要设施，且坝体高、势能大的尾矿库。这样的尾矿库隐患重、风险大、危害严重，是尾矿库安全生产工作中的重中之重，在全国约占10%。

鉴于“头顶库”安全监督和管理难度大、要求高，且一旦发生生产安全事故，造成的危害严重，地方各级安全监管部门和生产经营单位必须切实加强对“头顶库”的安全监督和管理工作，严防发生生产安全事故。

【法律依据】

依据 1　《国务院关于进一步加强企业安全生产工作的通知》第十九条规定：严格安全生产准入前置条件。把符合安全生产标准作为高危行业企业准入的前置条件，实行严格的安全标准核准制度。矿山建设项目和用于生产、储存危险物品的建设项目，应当分别按照国家有关规定进行安全条件论证和安全评价，严把安全生产准入关。凡不符合安全生产条件违规建设的，要立即停止建设，情节严重的由本级人民政府或主管部门实施关闭取缔。降低标准造成隐患的，要追究相关人员和负责人的责任。

依据 2　《深入开展尾矿库综合治理行动方案》第三章第一节第四条规定：加强对“头顶库”的治理。要摸清底数，按下游 1 公里距离计算，确定坝下有居民、学校、厂矿及重要设施的尾矿库。要进行风险评估论证，研究制定治理和预防事故的对策措施。要明确治理责任，限期完成治理任务。对“头顶库”要进行升级改造，提高设计等级或按设计等级上限加固坝体、完善防洪设施。要根据尾矿库坝高、库容量、服务年限和下游居民数量情况，科学制订居民搬迁计划。

依据 3　《尾矿库安全技术规程》（AQ 2006—2005）第 6.3.4 条规定：上游式筑坝法，应于坝前均匀放矿，维持坝体均匀上升，不得任意在库后或一侧岸坡放矿。应做到：

a）粗粒尾矿沉积于坝前，细粒尾矿排至库内，在沉积滩范围内不允许有大面积矿泥沉积；

b）坝顶及沉积滩面应均匀平整，沉积滩长度及滩顶最低高程必须满足防洪设计要求；

c）矿浆排放不得冲刷初期坝和子坝，严禁矿浆沿子坝内坡趾流动冲刷坝体；

d）放矿时应有专人管理，不得离岗。

依据4　《尾矿库安全技术规程》（AQ 2006—2005）第6.5.3条规定：上游式尾矿堆积坝可采取下列措施控制渗流：

a）尾矿筑坝地基设置排渗褥垫、水平排渗管（沟）及排渗井等；

b）尾矿堆积体内设置水平排渗管（沟）或垂直排渗井、辐射式排渗井等；

c）与山坡接触的尾矿堆积坡脚处设置贴坡排渗或排渗管（沟）等；

d）适当降低库内水位，增大沉积滩长；

e）坝前均匀放矿。

依据5　《尾矿库安全技术规程》（AQ 2006—2005）第6.6.3条规定：上游建有尾矿库、排土场或水库等工程设施的尾矿库，应了解上游所建工程的稳定情况，必要时应采取防范措施避免造成更大损失。

依据6　《尾矿库安全技术规程》（AQ 2006—2005）第6.7条规定：

6.7　库区及周边条件规定

6.7.1　尾矿库下游不宜建设居住、生产等设施。

6.7.2　严禁在库区和尾矿坝上进行乱采、滥挖、非法爆破等。

依据7　《尾矿库安全监督管理规定》第十二条规定：尾矿库库址应当由设计单位根据库容、坝高、库区地形条件、水文地质、气象、下游居民区和重要工业构筑物等情况，经科学论证后，合理确定。

依据 8 《尾矿库安全监督管理规定》第十九条规定：尾矿库应当每三年至少进行一次安全现状评价。安全现状评价应当符合国家标准或者行业标准的要求。

尾矿库安全现状评价工作应当有能够进行尾矿坝稳定性验算、尾矿库水文计算、构筑物计算的专业技术人员参加。

上游式尾矿坝堆积至二分之一至三分之二最终设计坝高时，应当对坝体进行一次全面勘察，并进行稳定性专项评价。

【知识拓展】

问题 1：什么是“头顶库”？

答：距离重要设施和居民区小于 1 km，坝体高、势能大的尾矿库，被形象地叫作“头顶库”。

问题 2：尾矿和“头顶库”有哪些危害？

答：尾矿是矿石经过选矿流程之后的废弃物，里面含有选矿过程中添加的药剂和有害物质。裸露在外，不只会形成扬尘，如果遇到雨水冲刷，有害物质就会进入河道，当地的地下水质就会发生变化。

一座座尾矿库是用来堆存尾矿砂的地方，它的存在方式有点像垃圾填埋场，因为无法被清除，一旦填满，需要进行闭库、覆盖和植被的恢复。但因为堆存方式特殊，每一座尾矿库都是一个具有高势能的人造泥石流危险源。而“头顶库”因为地处重要设施或居民区的上游，就像悬在头顶上的定时炸弹，一旦发生溃坝事故，后果不堪设想。2008 年 9 月 8 日发生在山西省襄汾县的尾矿库溃坝事故，至今依然让人不寒而栗，短短几十秒的时间，近 20 万 m^3 的尾矿砂连同大量尾矿水下泄，形成的泥石流瞬间吞没了下游的集贸市场和办公楼等设施，造成 281 人遇难，波及范围达到 30 公顷，事故之大，震惊中外。

问题 3：尾矿库选址应遵循哪些原则？

答：尾矿库选址应遵循以下原则：

1. 不应设在风景名胜区、自然保护区、饮用水源保护区。

2. 不应设在国家法律禁止的矿产开采区域。

3. 不宜位于大型工矿企业、大型水源地、重要铁路和公路、水产基地和大型居民区上游。

4. 不宜位于居民集中区主导风向的上风侧。

5. 不占或少占农田，不迁或少迁居民。

6. 不宜位于有开采价值的矿床上面。

7. 汇水面积小，有足够的库容。

8. 上游式湿排尾矿库有足够的初、终期库长。

9. 筑坝工程量小，生产管理方便。

10. 应避开地质构造复杂、不良地质现象严重的区域。

11. 尾矿输送距离短，能自流或扬程小。

12. 在同一沟谷内建设 2 座或 2 座以上尾矿库时，后建库设计时应充分论证各尾矿库之间的相互关系与影响。

13. 对废弃的露天采坑及凹地储存尾矿的，应进行安全性专项论证；对露天采坑下部有采矿活动的，不宜储存尾矿。

问题 4：尾矿库特别是“头顶库”应严格执行的“四个一律”“五个到位”度汛措施的含义是什么？

答：“四个一律”是指：对非法生产经营建设和经停产整顿仍未达到要求的，一律关闭取缔；对非法违法生产经营建设的有关单位和责任人，一律按规定上限予以经济处罚；对存在违法生产经营建设行为的单位，一律责令停产整顿，并严格落实监管措施；对触犯法律的有关单位和人员，一律依法严格追究法律责任。

“五个到位”，即安全措施到位、现场管理到位、干部跟班到位、监督检查到位、责任追究到位。

【案例适用】

案例1　陕西镇安黄金矿业公司“4·30”尾矿库溃坝事故

（一）事故经过

2006年4月30日18:24，陕西省镇安县黄金矿业有限责任公司在进行尾矿库坝体加高施工时发生溃坝，约12万m^3尾矿下泄，造成15人死亡、2人失踪、5人受伤、76间房屋毁坏，直接经济损失187.65万元。

2006年4月30日下午，镇安县黄金矿业有限责任公司（以下简称镇安黄金矿业公司）组织1台推土机、1台自卸汽车及4名作业人员对尾矿库进行坝体加高作业。18:24左右，在第四期坝体外坡，坝面出现蠕动变形，并向坝外移动，随后产生剪切破坏，沿剪切口有泥浆喷出，瞬间发生溃坝，形成泥石流，冲向坝下游的左山坡，然后转向右侧，约12万m^3尾矿下泄到距坝脚约200 m处，其中绝大部分尾矿渣滞留在坝脚下方的70～200 m范围内，少部分尾矿及污水流入米粮河。正在施工的1台推土机、1台自卸汽车及4名作业人员随溃坝尾矿渣滑下。下泄的尾矿造成15人死亡、2人失踪、5人受伤、76间房屋毁坏淹没的特大尾矿库溃坝事故。

（二）事故分析

1. 直接原因

镇安黄金矿业公司在尾矿库坝体达到最终设计坝高后，未进行安全论证和正规设计，而擅自进行3次加高扩容，形成了实际坝高50 m、下游坡比为1∶1.5的临界危险状态的坝体。更为严重的是，在2006年4月，该公司未进行安全论证、环境影响评价和正规设计，又违规组织对尾矿库坝体加高扩容，致使坝体下滑力大于极限抗滑强度，导致坝体失稳，发生溃坝事故。

违反了《尾矿库安全技术规程》（AQ 2006—2005）5.3.22的规定：上游式尾矿坝堆积至1/2～2/3最终设计坝高时，应对坝体进行一次全面的勘察，并进行稳定性专项评价，以验证现状及设计最终坝体的稳定性，确定相应技术措施。

2. 间接原因

（1）多次违规加高扩容，尾矿库坝体超高并形成高陡边坡。1997年7月、2000年5月和2002年7月，镇安黄金矿业公司在没有勘探资料、没有进行安全条件论证、没有正规设计的情况下，擅自实施了三期坝、四期坝和五期坝加高扩容工程，使得尾矿库的实际坝顶标高达到＋750 m，实际坝高达50 m，均超过原设计16 m；下游坡比实为1∶1.5，低于安全稳定的坡比，形成高陡边坡，造成尾矿库坝体处于临界危险状态。

（2）不按《尾矿库安全技术规程》（AQ 2006—2005）规定排放尾矿，尾矿库最小干滩长度和最小安全超高不符合安全规定。该矿山的矿石属氧化矿，经选矿后，尾矿颗粒较细，在排放的尾矿粒度发生变化后，镇安黄金矿业公司没有采取相应的筑坝和放矿方式，并且超量排放尾矿，造成库内尾矿升高过快，尾矿固结时间缩短，坝体稳定性变差。

（3）擅自组织尾矿库坝体加高增容工程。由于尾矿库坝体稳定性处于临界危险状态，2006年4月，镇安黄金矿业公司又在未报经安监部门审查批准的情况下进行六期坝加高扩容施工，将1台推土机和1台自卸汽车开上坝顶作业，使总坝的坝顶标高达到＋754 m，实际坝高达54 m，加大了坝体承受的动静载荷，加大了高陡边坡的坝体滑动力，加速了坝体失稳。

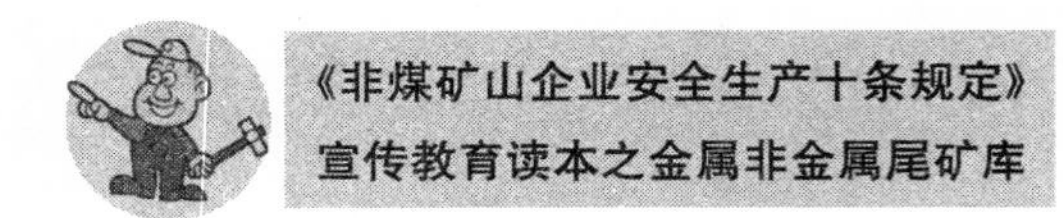

（4）坝体下滑力大于极限抗滑强度，导致圆弧型滑坡破坏。同时，由于垂直高度达 50～54 m，势能较大，滑坡体本身呈饱和状态，加上库内水体的迅速下泻补给，滑坡体迅速转变为黏性泥石流，形成冲击力，导致尾矿库溃坝。

（5）作为镇安黄金矿业公司行政主管单位和实际控股单位，镇安县人民政府放松对该公司的监督和管理，对该公司未经过安全论证和正规设计，违规组织对尾矿库坝体加高扩容，致使坝体下滑力大于极限抗滑强度，导致坝体失稳的违规行为履行管理职责严重缺位，管理工作存在严重漏洞，是造成事故的主要管理原因。

（6）作为镇安黄金矿业公司股东之一，西安兴秦技术开发总公司和西安三联有色公司对该公司未经过安全论证、环境影响评价和正规设计，在 2006 年 4 月违规组织对尾矿库坝体加高扩容，致使坝体下滑力大于极限抗滑强度，导致坝体失稳违规行为未能正确履行出资人职责，管理严重缺位，是造成事故的重要管理原因。

（7）商洛市和镇安县安全监管部门对镇安黄金矿业公司的安全管理履行职责不到位，监管制度不健全，执法人员专业技术能力不高，对该矿的安全例行检查不细致，对该矿存在的安全隐患未能及时发现，且受安全评价机构错误结论的影响，安全生产许可初审把关不严，存在工作失责和监管不力问题，是造成事故的管理原因。

（8）省安全监管局有关人员于 2004 年 6 月组织专家组对镇安黄金矿业公司进行的安全评估工作不够严密，方法不够规范，所作出的评估报告不够真实，对日后的安全检查、评价、审验以及该矿的安全管理与违规扩容加坝产生了影响；在对安评人员培训工作中组织不严密，培训时间短，管理档案缺失，且违规为现役军人办理安评人员资质证；对陕西旭田安全技术服务公司的取证授权审查把关不严，监管不到位，是造成事故的管理原因。

（9）镇安县米粮镇人民政府对尾矿库下游居住村民的安全监管

失察失管，是造成事故的管理原因之一。

3. 事故违反的法律法规

违反了《尾矿库安全技术规程》（AQ 2006—2005）5.3.22 的规定：上游式尾矿坝堆积至 1/2～2/3 最终设计坝高时，应对坝体进行一次全面的勘察，并进行稳定性专项评价，以验证现状及设计最终坝体的稳定性，确定相应技术措施。

违反了《深入开展尾矿库综合治理行动方案》第三章第一节第四条的规定：加强对“头顶库”的治理。要摸清底数，按下游 1 km 距离计算，确定坝下有居民、学校、厂矿及重要设施的尾矿库。要进行风险评估论证，研究制定治理和预防事故的对策措施。要明确治理责任，限期完成治理任务。对“头顶库”要进行升级改造，提高设计等级或按设计等级上限加固坝体、完善防洪设施。要根据尾矿库坝高、库容量、服务年限和下游居民数量情况，科学制订居民搬迁计划。

（三）事故教训

山西襄汾县新塔矿业公司“9・8”特别重大尾矿库溃坝事故损失巨大，影响恶劣，教训深刻。鉴于这起事故反映出来的问题在全国具有普遍性，为防止类似事故发生，建议：

1. 加大对非法建设、生产、经营行为的打击力度。山西省各级人民政府和有关部门应认真履行职责，认真按照国务院及其有关部门的部署，落实责任，加大联合执法力度，严厉打击非法建设、生产、经营活动。尤其要严厉打击非法采矿和非法违规建设运行尾矿库行为。对于无《采矿许可证》从事采矿活动的，国土资源管理部门应从严查处，坚决予以取缔关闭；对于没有《安全生产许可证》的矿山或尾矿库，安全监管部门要责令停止生产，工商部门不得予以年检，依法查处；公安部门不得供应民用爆破器材，并依法打击非法购买、使用民爆器材的行为；电力管理部门不得对其提供生产用电，水利部门停止生产用水，劳动部门要严格用工管理，形成综合治理的良好局面。

2. 加强尾矿库建设项目管理。山西省各非煤矿山和选矿企业必须严格遵守国家有关法律法规、规程标准，所有尾矿库建设项目必须按规定履行项目论证、工程勘查、可行性研究、环境影响评价、安全预评价、设计审查、验收评价等程序，按照设计进行施工，依法履行竣工验收手续。特别是对于下游有重要设施、人员密集场所的尾矿库，必须进行严格的安全论证，在保证安全的前提下建设使用。

3. 严格尾矿库准入条件。山西省各级人民政府和有关部门应严格尾矿库的立项、土地使用审批、许可证发放等手续，严把尾矿库安全、环保设施“三同时”审查和验收关。未经审批不得开工建设，不具备安全条件的不能发给其安全生产许可证，未经验收合格、取得安全生产许可证的不得投入使用。对未按照设计规定超量储存尾矿、未经批准擅自加高扩容的，有关部门要吊销相关证照，停止生产并落实闭库措施。

4. 加强尾矿库安全运行管理。山西省凡有尾矿库的企业必须制定行之有效的尾矿库安全管理制度，建立安全管理机构，落实安全管理责任；安全管理人员和尾矿工要经过培训并取得相应资格证书；严格尾矿库运行的安全管理，按照《尾矿库安全技术规程》（AQ 2006—2005）要求进行筑坝和尾矿排放，控制坝坡比和浸润线埋深，完善排洪排渗设施，确保干滩长度和调洪库容满足要求；加强尾矿库的日常排放管理，制订严格的排放计划，实施均匀放矿；落实隐患排查治理各项制度，加大隐患排查治理力度，及时消除事故隐患；加强对尾矿库的日常监控，制定尾矿库应急救援预案，定期开展应急演练，建立有效的应急反应联动机制。

5. 强化在用尾矿库安全监管。山西省各级人民政府及有关部门要进一步明确职责，落实责任，强化尾矿库的安全监管工作，严格落实安全许可制度，加大安全检查和隐患排查治理力度，从严查处尾矿库建设和生产经营过程中的违法违规行为。对存在重大隐患、不具备安全生产条件的，责令停产整顿，限期整改；对存在重大隐患又拒不整改的，有关部门必须立即提请地方人民政府予以关闭，防止由此引发重特大事故。

6. 加强对废弃或停止使用尾矿库的管理。山西省各级人民政府和有关部门应全面摸清已经废弃、停止使用和已闭库尾矿库的基本状况，健全基础档案。对于达到设计库容或决定停止使用的尾矿库，应按照规定依法履行闭库程序，落实闭库管理责任；严格执行《尾矿库安全监督管理规定》并进一步细化和修订尾矿库再利用和重新启用的相关条款；对于违法违规从事尾矿库再利用和重新启用的行为，应坚决予以制止并取缔。

7. 加强对政府职能部门的督促检查。山西省各级人民政府要进一步加强对下级政府以及各职能部门履行有关安全监管职责情况的监督检查，采取联合执法、跟踪督导、年度考核等有效措施，不断提高各有关部门的履职能力，切实落实政府安全监管责任，促进企业安全生产主体责任的落实。

八、必须按设计及时闭库

【规定解读】

这里提出必须按设计及时闭库，是指生产经营单位应按规定时限及时履行闭库程序，按照闭库设计组织闭库施工，严格进行尾矿坝整治和排洪系统整治。闭库工程施工结束后，及时向安全生产监督管理部门提出验收申请，由安全生产监督管理部门组织验收。

【法律依据】

依据1　《中华人民共和国安全生产法》第三十五条规定：国家对严重危及生产安全的工艺、设备实行淘汰制度，具体目录由国务院安全生产监督管理部门会同国务院有关部门制定并公布。法律、行政法规对目录的制定另有规定的，适用其规定。

省、自治区、直辖市人民政府可以根据本地区实际情况制定并公布具体目录，对前款规定以外的危及生产安全的工艺、设备予以淘汰。

生产经营单位不得使用应当淘汰的危及生产安全的工艺、设备。

依据2　《尾矿库安全监督管理规定》第二十八条第一款规定：尾矿库运行到设计最终标高或者不再进行排尾作业的，应当在一年内完成闭库。特殊情况不能按期完成闭库的，应当报经相应的安全生产监督管理部门同意后方可延期，但延长期限不得超过6个月。

依据3　《尾矿库安全监督管理规定》第二十九条规定：尾矿库运行到设计最终标高的前12个月内，生产经营单位应当进行闭库前的安全现状评价和闭库设计，闭库设计应当包括安全设施设计。

闭库安全设施设计应当经有关安全生产监督管理部门审查批准。

依据4　《尾矿库安全监督管理规定》第三十二条规定：尾矿库闭库工作及闭库后的安全管理由原生产经营单位负责。对解散或者关闭破产的生产经营单位，其已关闭或者废弃的尾矿库的管理工作，由生产经营单位出资人或其上级主管单位负责；无上级主管单位或者出资人不明确的，由安全生产监督管理部门提请县级以上人民政府指定管理单位。

依据5 《尾矿库安全技术规程》（AQ 2006—2005）第9.1条规定：

9.1 闭库设计

9.1.1 对停用的尾矿库应按正常库标准，进行闭库整治设计，确保尾矿库防洪能力和尾矿坝稳定性满足本规程要求，维持尾矿库闭库后长期安全稳定。

9.1.2 尾矿坝整治内容为：

a）对坝体稳定性不足的，应采取削坡、压坡、降低浸润线等措施，使坝体稳定性满足本规程要求；

b）完善坝面排水沟或植被绿化和土石覆盖、坝肩截水沟、观测设施等。

9.1.3 排洪系统整治内容为：

c）根据防洪标准复核尾矿库防洪能力，当防洪能力不足时，应采取扩大调洪库容或增加排洪能力等措施；必要时，可增设永久溢洪道。

d）当原排洪设施结构强度不能满足要求或受损严重时，应进行加固处理；必要时，可新建永久性排洪设施，同时将原排洪设施进行封堵。

依据6 《深入开展尾矿库综合治理行动方案》第三章第三节第一条规定：落实《尾矿库安全监督管理规定》（国家安全监管总局令第38号）有关要求，尾矿库闭库工作及闭库后的安全管理由原生产经营单位负责；对解散或者关闭破产的生产经营单位，其已关闭或者废弃的尾矿库的管理工作，由生产经营单位出资人或者上级主管部门负责；无上级主管部门或者出资人不明确的，由县级以上人民政府指定管理单位负责。

依据7　《深入开展尾矿库综合治理行动方案》第三章第三节第二条规定：严格履行闭库程序和闭库尾矿库的监督管理。要委托有资质的机构进行闭库安全设施设计，并经安全监管部门审查批准；要严格按设计组织闭库安全设施施工，经安全监管部门验收合格后方能闭库，确保尾矿库防洪能力和尾矿坝稳定性满足安全要求，维持尾矿库闭库后长期安全稳定。对闭库不达标的尾矿库，要重新履行闭库程序，使之达到闭库标准要求。对停用和废弃的尾矿库，除经论证仍有使用价值，履行建设项目程序重新启用外，都应进行闭库治理，履行闭库程序。对库内尾砂尚有利用价值但目前不宜开发的尾矿库，应先进行闭库处理。对小库的治理，应当采用搬库或挖走库内部分尾砂的方式进行销库或闭库处理。

【知识拓展】

问题1：闭库设计的内容应包括哪些？

答：闭库设计应包括以下内容：

1. 根据现行设计规范规定的洪水设防标准对洪水重新核定，并尽可能减少暴雨、洪水的入库流量。可采取分流、截流等措施将洪水排至库外。

2. 对现存的排洪系统及其构筑物的泄流能力和强度进行复核。

3. 对现存坝体的稳定性（静力、动力及渗流）做出评价。

4. 对库区周围的环境状况进行摸底调查，并记录（重点是水和尾尘的污染）。

5. 确定闭库的治理方案。

问题2：闭库处理的目标是什么？

答：闭库处理的目标是：

1. 长期坝体稳定性

（1）边坡稳定性。一般情况下，当停止尾矿排放、不再有连续水源补给沉淀池或恢复期间采取有效措施不使库内积水时，坝体内地下水位显著降低，使恢复后尾矿坝边坡稳定性比作业期间稳定性更高，可以认为，在作业期间稳定的尾矿坝，在作业停止后一般将保护其总体完整性。

（2）地震稳定性。在高发地震区，尾矿库作业期间发生地震时，松散沉积的尾矿可能液化，引起大规模的流动性滑坡。然而在废弃和恢复后，预期达到非饱和状态的尾矿，即便在较大震动冲击下也可能防止液化，因此，一般可以保证废弃尾矿沉积层的地震稳定性。

（3）水文稳定性。水文因素引起破坏是废弃尾矿坝不稳定的重要原因，径流水汇集在库内，除了可能引起边坡和地震不稳定外，还可能因漫顶或坝址侵蚀而直接引起尾矿库破坏。

所有库型，包括跨谷型、山坡型、谷底型和环型坝，都可以用某种材料封盖尾矿库，并使库中心区地势最高，便于向周边排水，防止库内积水，然而，需要大量材料才能形成0.5％～1.0％的排水坡度。此外，还需额外附加一些材料，以防止在封盖材料重力作用下引起尾矿沉降，一般需要附加3 m以上覆盖层，以补偿尾矿沉降。

2. 长期侵蚀稳定性

土地恢复的另一重要目的是防止废弃尾矿沉积层受风和水的长期侵蚀。干燥尾矿易遭风蚀，破坏地表面，污染大气，毁坏良田。尾矿极易受水径流的冲蚀，水蚀常常造成坝坡稳定性问题。经验证明，坝坡缓于3∶1一般满足抗侵蚀和建立植被的需要，有时选用缓于5∶1的坝坡更为可取。

3. 环境污染控制

尾矿库停止尾矿排放后，渗漏量通常会减少并最终停止，但在某些情况下，还必须采取一些专门措施防止环境污染。如果尾矿含有黄铁矿，随着废弃尾矿库内地下水位的降低，非饱和带内黄铁矿氧化急剧加速，并引起 pH 值降低和游离金属污染物增加。这些污染物可能比尾矿作业期间产生的污染物有害得多，这些污染物会随雨水渗入地下，因此需要在尾矿库废弃和恢复时在表面覆盖黏土，并重整坡度，以防径流汇集。在尾矿富含黄铁矿的情况下，最好在闭库后使库区内保持密封状态，以防止长期氧化作用。

4. 有效使用

尾矿库恢复的最终目的、所期望的目标是恢复库区达到土地有效使用。例如，在尾矿沉积层上种植引进的草本植物，用作家畜牧区。

问题 3：闭库处理方法有哪些？

答：闭库处理方法包括地表覆盖和化学稳固与固化，结合这两种方法，最终通过综合恢复技术与工程实现污染控制与生态恢复。

1. 地表覆盖

覆盖是尾矿稳固的重要方法。根据覆盖材料性质，覆盖大体可分两种：植物覆盖法和物理覆盖法。

（1）植物覆盖法：在尾矿上栽培植物。

1）植物覆盖。目前，普遍把植被作为尾矿库稳固和恢复的第一选择，因为长久性植被能控制风蚀水蚀，抑制粉尘，能在一定程度上恢复原始景观和土地利用。然而，大多数尾矿都存在这样的问题：与天然土壤相比，有机物含量低；尾矿中含有害物质，如重金属、选矿药剂等；硫化物氧化和酸生成影响植物生长；尾矿粒度过细或尾矿泥的存在可使尾矿通气不足；矿质肥料与尾矿之间可能发生化学反应。

2）湿地覆盖。湿地是一个生态系统，既能起吸附作用，又能以二次排出物作肥料。湿地表面有一层绿色的浮萍植物，其显著地减少水中含氧量，从而影响其他水生物生长。据报告，绿色的浮萍植物与有机沉积层一起能滤出微生物。

(2) 物理覆盖法：覆盖以土壤、碎石或其他抑染材料。

1) 岩土覆盖。为了稳固尾矿表面，抵抗风蚀和水蚀，借鉴水利工程抛石护堤的方法，在尾矿表面覆盖一层矿山废石或砾石、炉渣。研究表明，砾石粒级越细，覆盖层设计厚度越薄，经济越节省。废石覆盖的主要缺点是：影响下伏尾矿通过自然过程改良土质，无助于植物生长，延迟或阻碍土地恢复和有效使用。如果考虑到未来植被，应铺设反滤层或与其他覆盖方法结合应用。

2) 水覆盖。在地形上适于稳定的贮积又能承受流体静压的场合。水淹没尾矿可作为尾矿库废弃的选择方案。水淹的要领就是营造一个废弃湖，其优点是：尾矿之上的水构成一个阻氧障；湖区受到沉积盆地作用，能汇集径流量；可控制出口流量；尾矿风蚀问题得以克服。

2. 化学稳固与固化

为使尾矿库污染物迁移引起的环境问题最小，可以采用化学方法稳固或固化尾矿，实现长期稳定。尾矿稳固是指把有毒成分转化成抗风化和溶滤的形式。尾矿固化是指把半固态尾矿转化成固态，固化是在尾矿中添加化学黏合剂，如地质聚合物等，使尾矿凝结。

(1) 化学稳固。美国矿山局早在 70 年代初已对化学稳固进行了大量的实验室探索和现场小区试验，稳固剂不宜作永久性的恢复措施，但尾矿库粉尘控制、风水侵蚀的临时抑制、植被初期阶段稳固植物方面起到很好的作用。

(2) 化学固化。早期应用于废料固化的方法有：硅酸盐和水泥基（无机黏结剂）、石灰基（无机黏结剂）、热塑材料基（有机黏结剂）、热固聚合基（有机黏结剂）、成囊技术（有机黏结剂）。

(3) 地质聚合物。由于新材料的发展，地质聚合物产生了令世人瞩目的技术进步。借助于地质聚合反应设计的现代材料开拓了新的合成思路，新的应用和工艺流程。

地质聚合物又称矿物合成聚合物，地质聚合作用的化学原理是基于地质成因，故而可把地质聚合物看作合成岩石。地质聚合物是聚合硅—氧—铝酸盐型无机黏合剂。

问题 4：非硫化物尾矿闭库方法有哪些？

答：对于非硫化物尾矿库，如果尾矿材料易排水，如钾碱、某些铀尾矿等，可以采用导流沟和导流堤，用地质聚合物稳固表面，然后再用土壤和植物覆盖，从而完成闭库；如果尾矿材料难以排水，如磷酸盐黏土、含氢氧化物的尾矿泥等，在不进行总体排水的场合，采用导流沟、导流堤和下游被动处理的湿地可以改善渗漏问题，湿地可为植物提供生长条件，有些地区可以采用振动技术排水或开导流沟和疏干方法，这样可在其上覆盖植被。

为了减少含硫化物尾矿库区向环境排放酸性水，可有各种方案，包括：压密黏土覆盖、合成膜覆盖、接种细菌、表面填加石灰石、导流沟、充填碱或其他化学品、生物沟、排至湖内、化学处理、下游湿地、湿地覆盖、土壤和植物覆盖、形成硬壳、稳固地表（地质聚合物）。

问题 5：硫化物尾矿闭库方法有哪些？

答：对于水位高的低位尾矿区，如果在整个尾矿区建立起湿地沼泽，下游湿地将为渗漏水酸度降低及从中提取金属创造条件，也许有些地区，特别是尾矿区可以稳固的地区，适于覆盖以地质聚合物；对于水位低的高位尾矿区，要求有良好的导流沟和导流堤，以汇聚酸性的和含污染物的渗漏水，以在下游湿地进行处理。高位区尾矿表面适于用地质聚合物稳固，而后采用土壤和植物覆盖。

陆地面和浓密排放是较新的尾矿沉积方法。由于不存在尾矿库排放方法所遇到的排水问题，闭库后可以立即采用地质聚合物覆盖、稳固尾矿达到有效闭库。实际上，为了在闭库之前建立起足够厚度的稳固层（形成合成硬壳），可以在作业的后期阶段开始进行地质聚合物沉积，实现的方法是直接在选厂尾矿浆内、排放管内或尾矿库区内填加地质聚合物。

硫化物尾矿堆置在坑内（露天矿坑或专门挖掘的深坑），可以充填尾矿接近顶部，或保留一定高度的超高，排水后，采用地质聚合物覆盖。

在大多数情况下，可以考虑采用湿地和地质聚合物覆盖，或将两者结合使用。

问题6：尾矿库闭库安全评价应在什么时候进行？

答：企业应当根据尾矿库设计资料，在尾矿库闭库前1年，委托具有相应资质的评价机构进行尾矿库安全评价。

问题7：进行尾矿库闭库安全评价的企业应当提供哪些资料？

答：进行尾矿库闭库安全评价的企业应当提供以下材料：

1. 尾矿库现状地形图及下游有关资料。

2. 水文气象资料。

3. 尾矿库（坝）工程地质勘探报告（含堆积坝物理力学指标）。

4. 尾矿库工程设计资料。

5. 尾矿的化学成分资料。

6. 其他有关资料。

问题8：安全评价机构向企业出具的尾矿库安全评价报告应当包括哪些内容？

答：安全评价机构向企业出具的尾矿库安全评价报告应当包括的内容有：

1. 尾矿坝安全评价

（1）不良地质现象对尾矿坝（库）安全造成不利影响的情况。

（2）坝体结构、构造的情况。

（3）坝体沉陷、裂缝、坍塌、位移的情况。

（4）坝面渗流破坏情况（包括管涌、流土等现象）。

（5）执行尾矿堆积坝安全超高和沉积滩长度规范的情况。

（6）尾矿堆积坝坡比及坝面防护的情况。

（7）坝内排渗设施效果及坝体浸润线观测的情况。

（8）尾矿坝静力、动力和渗流稳定分析结果。

2. 尾矿库防洪能力安全评价

（1）尾矿库防洪标准。

（2）尾矿库调洪与排洪能力的情况。

（3）排洪构筑物完好程度及可靠性的情况。

3. 尾矿库的安全度

按照“1”“2”项评价内容的评价结果，根据《尾矿库安全管理规定》，确定尾矿库的安全度。

4. 对非正常级的尾矿库，提出尾矿库治理建议。

问题 9：申请闭库验收应当具备哪些条件？

答：申请闭库验收时，应当具备如下条件：

1. 尾矿库已停止使用。

2. 尾矿库安全评价报告已报相应的安全生产监督管理部门备案。

3. 尾矿库闭库设计已经相应的安全生产监督管理部门批准。

4. 有完备的闭库工程施工记录、竣工报告、竣工图和施工监理报告。

问题 10：闭库验收申请报告应当包括哪些内容？

答：闭库验收申请报告应当包括的内容如下：

1. 尾矿库库址所在行政区域位置、占地面积。

2. 尾矿库建设和运行时间，以及在建设和运行中曾出现的重大问题和处理措施。

3. 尾矿库主要技术参数，包括堆坝方式、坝高、总库容、尾矿堆积量、防洪排水形式等。

4. 闭库安全评价报告。

5. 闭库设计及审批文件。

6. 闭库设计的主要工程措施和闭库工程施工概况。

7. 闭库工程竣工报告。

8. 施工监理报告。

9. 其他相关资料。

【案例适用】

案例　金山尾矿库溃坝事故

（一）事故经过

金山尾矿库原设计的初期坝址位于金山坳公路北侧，库区纵深长度为 338 m，尾矿坝总高为 30 m，汇水面积为 0.25 km^2，总库容为 240 万 m^3，服务年限为 15 年。1970 年 5 月，省主管领导现场决定将原设计的初期坝坝址向库内移动 188 m，库区纵深长度减为 150 m，汇水面积为 0.20 km^2，库容按堆至 50 m 标高计只有 103 万 m^3，服务年限只有 5 年。初期坝为不透水的均质土坝，坝高约 6 m。1980 年，尾矿库正式投入使用。

由于坝址内移，造成库内纵深长度只有 150 m，使用时若要保证尾矿库干滩长度达到 70 m 的原设计要求，就不能满足必要的尾矿水澄清距离。尾矿颗粒中粒径小于 0.019 mm 的含量达 33.16%，为了改善库内溢流水的水质，尾矿库经常处于高水位状态作业，平时干滩长度只有 20 m 左右，在雨季经常被迫停用，基本不能正常运行。1985 年 3 月，设计院曾明文提出：经稳定计算，该坝坝顶不能超过 45 m 标高。

1986 年 4 月 30 日凌晨 3：05，尾矿库发生溃坝。当时，尾矿坝子坝坝顶标高为 45.7 m，子坝前滩面标高为 44.88 m，而库内水位为 44.96 m，垮坝前子坝处于直接挡水状态。坝顶决口宽 245.5 m，底部决口宽 111 m，库内 84 万 m^3 的尾矿和水大部分顷刻而下，尾矿坝下游 2 km 范围内的农田及水塘均被淹没或污染；坝下回水泵站不见踪影，部分民房被污染；造成 19 人死亡，100 多人受伤，损失惨重。

（二）事故分析

1. 直接原因

库内水位过高，直接淹到子坝内坡，距子坝顶只有 0.7 m，子坝顶宽只有 1.2 m 左右，用松散尾砂堆成，不能承受水的渗透压力，先发生渗透坍塌，很快导致漫过沉积滩顶（简称漫顶）而溃坝。违反了《尾矿设施设计规范》第 4.3.5 条的规定：尾矿坝的渗流控制措施必须确保浸润线低于控制浸润线。

2. 间接原因

（1）尾矿库长期处于高水位运行状态，导致坝体浸润线过高，稳定性较差。

（2）生产与安全的关系处理不当，未能按设计确认的 45 m 坝顶标高及时停用闭库。

违反了《尾矿设施设计规范》（GB 50863—2013）第 4.1.4 条、第 4.3.5 条：

4.1.4 尾矿坝必须满足渗流控制和静、动力稳定要求。

4.3.5 尾矿坝的渗流控制措施必须确保浸润线低于控制浸润线。

违反了《尾矿库安全监督管理规定》第二十八条：尾矿库运行到设计最终标高或者不再进行排尾作业的，应当在一年内完成闭库。特殊情况不能按期完成闭库的，应当报经相应的安全生产监督

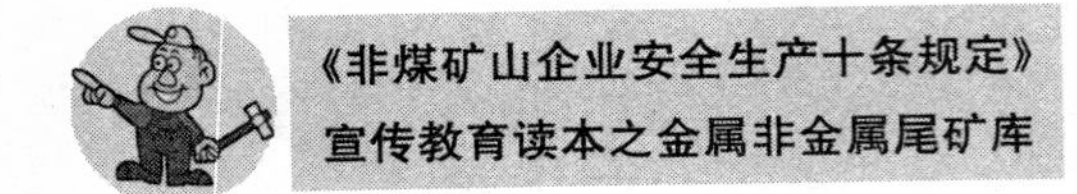

管理部门同意后方可延期，但延长期限不得超过6个月。

库容小于10万立方米且总坝高低于10米的小型尾矿库闭库程序，由省级安全生产监督管理部门根据本地实际制定。

（三）事故教训

1. 该坝将原设计坝轴线内移188 m，不仅服务年限由12年降为5年，而且造成尾矿坝安全干滩长度与澄清距离的长期矛盾。这是片面强调节省投资、不尊重科学、违反客观规律、不按基建程序办事的必然结果。

2. 尾矿库安全所需的干滩长度（调洪滩长和最小安全滩长之和）与澄清距离发生矛盾往往是中小型尾矿库不能正常使用和不安全因素的重要原因。在这种情况下，应设法降低库水位，必要时，为保坝可排泥甚至停产。

3. 上游法尾矿筑坝未经技术论证。用子坝挡水、拦洪，不仅违反了上游法尾矿筑坝的基本原则，往往还是造成决口垮坝的直接原因。应坚决杜绝此做法。

4. 对尾矿坝存在坝坡渗水、沼泽化、浸润线偏高等不安全因素，应及时采取有效的治理措施。

5. 尾矿库的接替工程建设应早落实，确保采选厂的持续生产，严禁未经技术论证和批准，擅自加高尾矿坝，冒险使用。

九、必须加强闭库和回采安全管理

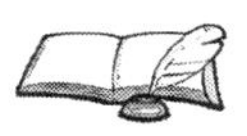

【规定解读】

《国家安全监管总局办公厅关于加强尾矿综合利用过程中有关安全生产工作的通知》（安监总厅管一〔2010〕115 号）要求，各级安全监管部门要切实加强对尾矿综合利用的安全监管，督促尾矿

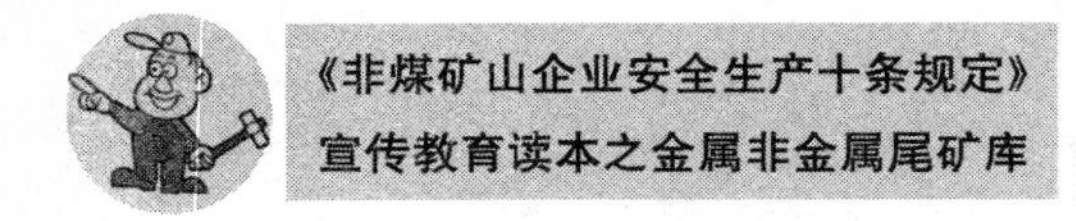

库企业严格按照尾矿回采设计进行尾矿回采，加强尾矿回采期间日常安全管理和检查，避免尾矿回采作业对尾矿坝安全造成影响。要加大对尾矿综合利用的执法力度，对于未履行尾矿综合利用安全设施“三同时”审批手续或者存在重大安全隐患限期未整改的，要依法予以处罚，直至提请地方人民政府依法予以行政关闭。凡未履行尾矿综合利用“三同时”审批手续的尾矿库企业，均不得进行尾矿回采和尾矿充填作业；对于已取得安全生产许可证但未履行尾矿综合利用“三同时”审批手续的尾矿库企业，应当依法暂扣其尾矿库安全生产许可证，责令限期停产整改。

由于尾矿库闭库施工和尾矿回采过程中存在着一定的安全风险，如果放松安全管理，极易造成生产安全事故，故做出此规定，要求各级安全监管部门和生产经营单位要重视尾矿库闭库和回采的安全监管和管理工作，采取有效措施，切实防范在闭库和回采过程中发生生产安全事故。

【法律依据】

依据1 《尾矿库安全监督管理规定》第二十七条规定：尾矿回采再利用工程应当进行回采勘察、安全预评价和回采设计，回采设计应当包括安全设施设计，并编制安全专篇。

回采安全设施设计应当报安全生产监督管理部门审查批准。

生产经营单位应当按照回采设计实施尾矿回采，并在尾矿回采期间进行日常安全管理和检查，防止尾矿回采作业对尾矿坝安全造成影响。

尾矿全部回采后不再进行排尾作业的，生产经营单位应当及时报安全生产监督管理部门履行尾矿库注销手续。具体办法由省级安全生产监督管理部门制定。

依据 2　《尾矿库安全技术规程》（AQ 2006—2005）第 9.1 条规定：

9.1　闭库设计

9.1.1　对停用的尾矿库应按正常库标准，进行闭库整治设计，确保尾矿库防洪能力和尾矿坝稳定性满足本规程要求，维持尾矿库闭库后长期安全稳定。

9.1.2　尾矿坝整治内容为：

a）对坝体稳定性不足的，应采取削坡、压坡、降低浸润线等措施，使坝体稳定性满足本规程要求；

b）完善坝面排水沟或植被绿化和土石覆盖、坝肩截水沟、观测设施等。

9.1.3　排洪系统整治内容为：

c）根据防洪标准复核尾矿库防洪能力，当防洪能力不足时，应采取扩大调洪库容或增加排洪能力等措施；必要时，可增设永久溢洪道。

d）当原排洪设施结构强度不能满足要求或受损严重时，应进行加固处理；必要时，可新建永久性排洪设施，同时将原排洪设施进行封堵。

依据 3　《尾矿库安全技术规程》（AQ 2006—2005）第 9.3 条规定：

9.3　尾矿库闭库后的维护

9.3.1　闭库后的尾矿库，必须做好坝体及排洪设施的维护。未经论证和批准，不得储水。严禁在尾矿坝和库内进行乱采、滥挖、违章建筑和违章作业。

9.3.2　闭库后的尾矿库，未经设计论证和批准，不得重新启用或改作他用。

依据 4　《尾矿库安全技术规程》（AQ 2006—2005）第 10 条

规定：

10　尾矿再利用及尾矿库闭库后再利用

10.1　在用尾矿库进行回采再利用或经批准闭库的尾矿库重新启用或改作他用时，必须按照本规程第5章尾矿库建设的规定进行技术论证、工程设计、安全评价。

10.2　在尾矿库再利用生产运行过程中必须按本规程第6章尾矿库安全生产运行的规定确保尾矿库安全。

10.3　对在用尾矿库或对闭库尾矿库进行回采再利用的，不得影响尾矿坝和原排洪设施的安全。

10.4　尾矿库再利用生产完成后，应按本规程第9章尾矿库闭库的规定，进行闭库。

依据5　《尾矿库安全监督管理规定》第二十七条规定：尾矿回采再利用工程应当进行回采勘察、安全预评价和回采设计，回采设计应当包括安全设施设计，并编制安全专篇。

回采安全设施设计应当报安全生产监督管理部门审查批准。

生产经营单位应当按照回采设计实施尾矿回采，并在尾矿回采期间进行日常安全管理和检查，防止尾矿回采作业对尾矿坝安全造成影响。

尾矿全部回采后不再进行排尾作业的，生产经营单位应当及时报安全生产监督管理部门履行尾矿库注销手续。具体办法由省级安全生产监督管理部门制定。

依据6　《深入开展尾矿库综合治理行动方案》第三章第五节第四条规定：切实加强对尾矿综合利用的监督管理，督促尾矿库企业严格按照设计进行尾矿回采，并加强尾矿回采期间日常安全管理和检查，严防对尾矿坝安全和周边环境造成影响。

依据7　《尾矿库闭库安全监督管理规定》第三条规定：尾矿库闭库应当符合国家有关法律、法规、标准和技术规范。

依据8 《尾矿库闭库安全监督管理规定》第四条规定：尾矿库闭库工作包括闭库前的安全评价、闭库设计与施工、闭库安全验收。

依据9 《尾矿库闭库安全监督管理规定》第五条规定：尾矿库闭库的安全监督管理工作实行分级管理。国家安全生产监督管理局负责中央管理企业的尾矿库闭库安全监督管理工作，省级安全生产监督管理部门负责其他企业的尾矿库闭库安全监督管理工作。

依据10 《尾矿库闭库安全监督管理规定》第六条规定：尾矿库闭库工作及闭库后的安全管理由原企业负责。对解散和关闭破产的企业，其已关闭和废弃的尾矿库的管理工作，由企业出资人或其上级主管部门负责；无上级主管部门或出资人不明确的，由县级以上人民政府落实管理单位。

尾矿库闭库后重新启用或改作他用时，应当经过可行性论证，并报审批闭库工作的安全生产监督管理部门审查批准。

【知识拓展】

问题1：尾矿库安全预评价、验收安全评价和现状安全评价的主要评价对象和主要评价内容是什么？

答：1. 尾矿库安全预评价的主要评价对象是尾矿库可行性研究报告或设计方案，评价的主要内容是对尾矿库安全设施建设方案的合理性和可靠性进行评价，做出明确结论，并提出可行对策。

2. 尾矿库安全验收评价的主要评价对象是已竣工待验收的尾矿库，评价的主要内容是根据国家和行业规范、规程及设计要求，对尾矿库安全预评价中对策措施落实情况和已竣工的安全设施工程质量逐项检查评价，对工程的安全可靠性做出明确结论，并提出可行对策。

3. 尾矿库安全现状评价的主要评价对象是现状尾矿库，评价的主要内容是通过对现状尾矿坝稳定性、尾矿库防洪能力及排洪设施可靠性、观测设施完整可靠性、尾矿库周边环境的安全性及尾矿库安全生产管理的有效性等进行分析和评价，确定尾矿库的安全度，当其安全度为非正常库时，应提出相应可行的安全对策。

问题 2：影响尾砂回采安全的主要危险有害因素有哪些？

答：影响尾砂回采安全的主要危险有害因素包括：洪水漫坝、溃坝、管涌引起的溃坝、坍塌、陷落、淹溺、高处坠落、电气伤害、机械伤害等。

问题 3：尾矿回采方法有哪些？

答：尾矿回采方法有两种：水力开采和机械开采。应根据尾矿库尾矿特性、分层特性和地形特征等来决定回采方法。

水力开采是使用高压水枪对尾矿进行冲采，产生的尾矿浆再通过输送管道输送到选厂；冲采方法又分为逆向冲采法、顺向冲采法、侧向冲采法。为保证尾矿浓度，提高砂浆泵生产效率，矿山在生产过程中还要考虑安全情况，适时调整水枪角度、安全距离，并同时采用逆向冲采法和侧向冲采法作为辅助冲采法。

机械开采一般使用挖掘机和采矿船等机械设备，从尾矿堆积坝的设计回采位置直接开挖，挖出的尾矿再通过运输设备运到选厂。

一些较老的尾矿库，因为使用较早，在使用的早期，采矿技术相对落后，很多有用成分遗留在尾矿中，形成尾矿堆积体下层有用成分较多、上层相对少的情况。因此，从尾矿堆积坝顶表面向下打钻孔直接回采底部尾矿，是一种比较高效和经济的方法。

问题 4：尾矿回采过程可能出现的安全问题有哪些？

答：尾矿本身就是低品位、成分复杂的矿床，且尾矿库中混杂着大量泥浆和沙石，相比主矿开采，尾矿开发利用对技术要求更高，回采过程中更容易出现溃坝、滑坡和坍塌等危险。根据回采方法和尾矿堆积特征的不同，尾矿回采产生的安全问题各异，其中坝体的安全问题是分析研究中最重要的一部分。总体来说，坝体安全问题主要有：

1. 尾矿回采过程中，随着回采的进行，尾矿堆积状态发生变化，尾矿坝坝体原本存在的稳定状态也会发生变化，坝体边坡的稳定性受到极大的影响，可能引发滑坡等危险。

2. 采用水力开采方法时，随着回采的进行，原有的排洪设施可能不再能满足排水要求，若排水处理不好，在雨季，坝体可能出现危险。有些尾矿坝的初期坝是不透水坝，开采到初期坝的高度时，尾砂都在浸润线以下，尾砂均呈现饱和状态，初期坝的稳定性就会降低。

3. 尾矿是三相体，在常见的工程压力 100～600 kPa 范围内。尾矿沉积层的压缩变形主要是由于水和空气从空隙中排出引起的。坝坡浸润线是尾矿坝的生命线，直接影响着坝体的安全。地下水对坝体不仅会产生动水压力，降低坝体的稳定性，同时还会产生管涌、流沙和坝面沼泽化等病害，给尾矿坝的安全带来严重威胁。回采会引起坝坡浸润线位置和沉积滩长度的变化，浸润线位置以下的尾砂将处于饱和状态，坝体的稳定性会严重降低。

4. 回采方法也是影响到现有尾矿坝安全的重要因素。如果为追求经济效益先回采尾矿坝底品位高的尾矿，则会在尾矿堆积坝底部形成一个采空区，若是支护和处理措施不当，会严重影响坝体现状的稳定性。

5. 尾矿库堆积坝坝体上部分已经固结，但是某些高度以下还没有完全固结，如果从表面开挖，则会出现设备塌陷的可能。

问题 5：影响尾矿坝稳定性的因素有哪些？

答：影响尾矿坝稳定性的因素很多，主要有以下几方面：

1. 堆积尾矿的颗粒组成。

2. 尾矿冲击分层情况。

3. 尾矿沉积层的抗剪强度。

4. 堆积坝的坡度。

5. 堆积坝的坝高。

一般情况下，尾矿堆积的高度越高、下游坡坡度越陡、坝体内浸润线的位置越高、库内的水位越高、坝基和坝体土料的抗剪强度越低，抗滑稳定的安全系数就越小；反之，安全系数就越大。

问题 6：回采方向有哪几种？

答：1. 横向开采

尾砂回采方向与尾矿坝主坝坝轴线基本保持平行，采砂时沿尾矿库横向分成条带进行开采。本法又分为单工作面横向法和邻工作面横向法。

2. 纵向开采

尾砂回采方向与尾矿坝主坝坝轴线基本保持垂直，采砂时沿尾矿库纵向分成条带进行开采。本法又分为单工作面纵向法和平行工作面纵向法。

3. 联合开采

尾矿库内尾砂储存条件较复杂时，可将上述方法结合使用。

问题 7：尾矿库回采顺序有哪些？

答：1. 尾矿库回采的基本顺序包括：先内后外，先库后坝，先上后下，分层开采。

2. 尾矿库回采的平面总体方向顺序分为后退式和前进式两种。

（1）后退式顺序：尾砂回采的总体顺序方向由库内向库外纵向回采。

（2）前进式顺序：尾砂回采的总体顺序方向由库外向库内纵向回采。该种开采顺序应留有足够的干滩长度和滩面坡度。

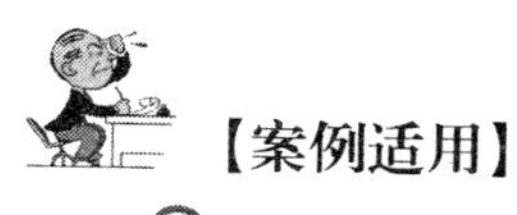

【案例适用】

案例　山西襄汾新塔矿业"9·8"尾矿库溃坝事故

（一）事故经过

位于山西省临汾市襄汾县陶寺乡的新塔矿业有限公司塔儿山铁矿尾矿库，总库容约30万m^3，坝高约50 m。2008年9月8日7：58，该尾矿库突然发生溃坝，泥浆从50 m高的半山腰呼啸而下，波及下游矿区、市场、部分民宅。尾砂流失量约20万m^3，沿途带出大量泥沙，流经长度达2 km，最大扇面宽度约300 m，过泥面积30.2公顷。此次事故共造成254人死亡、34人受伤。

发生事故的新塔矿区980平硐尾矿库，原属临汾钢铁公司塔儿山铁矿，建于20世纪80年代，1992年停止使用，先后采取碎石填平、黄土覆盖坝顶、植树绿化、库区上方建设排洪明渠等闭库处理措施。2005年，新塔矿业公司通过拍卖购得铁矿产权，因擅自在旧库上挖库排尾，从而造成尾矿库大面积液化，坝体失稳，并引发了这起重特大溃坝事故。经由国务院调查组调查认定，此次事故原因为"责任事故"。

（二）事故分析

1. 直接原因

新塔矿业公司擅自在旧库上挖库排尾，从而造成尾矿库大面积液化，坝体失稳，引发了这起重特大溃坝事故。

违反了《尾矿库安全技术规程》（AQ 2006—2005）第9.1.1条规定：对停用的尾矿库应按正常库标准，进行闭库整治设计，确保尾矿库防洪能力和尾矿坝稳定性满足本规程要求，维持尾矿库闭库后长期安全稳定。

2. 间接原因

此次发生崩溃的尾矿库是20世纪五六十年代建成的，十几年前就已积满泥沙。塔山矿区泥石流形成原因：因矿下需要通风，也为了保持紧急救援的通畅，所以需要经常从矿下抽水。被抽出来的水会直接排到选矿场，之后又不断流入十几米外的尾矿库。在这种情况下，尾矿库水位不断升高，而水对土壤的渗透破坏力增强，改变了坝的坡度。在没有下雨情况下，也极易引发坍塌事故。而尾矿库溃坝，将直接导致泥石流灾难。

违反了《尾矿库安全技术规程》（AQ 2006—2005）第5.4.1条规定：尾矿库必须设置排洪设施，并满足防洪要求。尾矿库的排洪方式，应根据地形、地质条件、洪水总量、调洪能力、回水方式、操作条件与使用年限等因素，经过技术比较确定。尾矿库宜采用排水井（斜槽）—排水管（隧洞）排洪系统。有条件时也可采用溢洪道或截洪沟等排洪设施。

（三）事故教训

1. 深刻吸取“9·8”事故教训，采取有效措施，严格做到尾矿库隐患整改责任、措施、资金、期限和预案“五落实”，全面、彻底排查治理尾矿库安全隐患，确保尾矿库安全生产。

2. 严禁尾矿库未批先建、无证照或证照失效非法运行，严禁尾矿库主要负责人、安全管理人员和尾矿工无证上岗，严禁尾矿库高水位运行，严禁危库、险库生产运行，严禁无监测监控设施（系统）或非正常使用运行，严禁无应急机制的尾矿库生产运行。

十、必须建立应急联动机制，确保应急装备和物资及应急演练到位

【规定解读】

尾矿库应急救援是指潜在的事故或紧急情况发生时，做出应急准备和响应，最大限度地减轻可能产生的事故后果而采取的紧急处置措施。

这里提出必须建立应急联动机制，是指政府、生产经营单位和尾矿库周边村镇要建立应急联动机制，确保在尾矿库发生事故或险情时，能够及时启动应急预案，采取立即停止生产、疏散人员、消除险情等紧急措施，有效避免或减少人员伤亡和财产损失。同时，生产经营单位也要制定有针对性的应急预案，配备必要的应急装备和物资，一年至少进行一次应急演练。

【法律依据】

依据 1 《中华人民共和国安全生产法》第十八条第六项规定：生产经营单位的主要负责人对本单位安全生产工作负有下列职责：

（六）组织制定并实施本单位的生产安全事故应急救援预案。

依据 2 《中华人民共和国安全生产法》第二十二条规定：生产经营单位的安全生产管理机构以及安全生产管理人员履行下列职责：

（一）组织或者参与拟订本单位安全生产规章制度、操作规程和生产安全事故应急救援预案；

（四）组织或者参与本单位应急救援演练。

依据 3 《中华人民共和国安全生产法》第三十七条规定：生产经营单位对重大危险源应当登记建档，进行定期检测、评估、监控，并制定应急预案，告知从业人员和相关人员在紧急情况下应当采取的应急措施。

生产经营单位应当按照国家有关规定将本单位重大危险源及有关安全措施、应急措施报有关地方人民政府安全生产监督管理部门和有关部门备案。

依据 4 《中华人民共和国安全生产法》第四十一条规定：生

产经营单位应当教育和督促从业人员严格执行本单位的安全生产规章制度和安全操作规程；并向从业人员如实告知作业场所和工作岗位存在的危险因素、防范措施以及事故应急措施。

依据5 《中华人民共和国安全生产法》第七十八条规定：生产经营单位应当制定本单位生产安全事故应急救援预案，与所在地县级以上地方人民政府组织制定的生产安全事故应急救援预案相衔接，并定期组织演练。

依据6 《尾矿库安全监督管理规定》第二十一条规定：生产经营单位应当建立健全防汛责任制，实施24小时监测监控和值班值守，并针对可能发生的垮坝、漫顶、排洪设施损毁等生产安全事故和影响尾矿库运行的洪水、泥石流、山体滑坡、地震等重大险情制定并及时修订应急救援预案，配备必要的应急救援器材、设备，放置在便于应急时使用的地方。

应急预案应当按照规定报相应的安全生产监督管理部门备案，并每年至少进行一次演练。

依据7 《尾矿库安全监督管理规定》第二十四条规定：尾矿库出现下列重大险情之一的，生产经营单位应当按照安全监管权限和职责立即报告当地县级安全生产监督管理部门和人民政府，并启动应急预案，进行抢险：

（一）坝体出现严重的管涌、流土等现象的；

（二）坝体出现严重裂缝、坍塌和滑动迹象的；

（三）库内水位超过限制的最高洪水位的；

（四）在用排水井倒塌或者排水管（洞）坍塌堵塞的；

（五）其他危及尾矿库安全的重大险情。

依据8 《尾矿库安全监督管理规定》第二十五条规定：尾矿库发生坝体坍塌、洪水漫顶等事故时，生产经营单位应当立即启动应急预案，进行抢险，防止事故扩大，避免和减少人员伤亡及财产损失，并立即报告当地县级安全生产监督管理部门和人民政府。

依据9 《尾矿库安全技术规程》（AQ 2006—2005）第6.2条规定：

6.2 应急救援预案

6.2.1 企业应编制应急救援预案，并组织演练。

6.2.2 应急救援预案种类：

a）尾矿坝垮坝；

b）洪水漫顶；

c）水位超警戒线；

d）排洪设施损毁、排洪系统堵塞；

e）坝坡深层滑动；

f）防震抗震；

g）其他。

6.2.3 应急救援预案内容；

a）应急机构的组成和职责；

b）应急通讯保障；

c）抢险救援的人员、资金、物资准备；

d）应急行动；

e）其他。

依据10 《深入开展尾矿库综合治理行动方案》第三章第一节第六条规定：强化应急管理。制定有针对性和可操作性的应急救援预案，储备必要的应急物资和装备，加强应急培训及预案演练，熟悉预案体系及响应程序。认真落实汛期或极端气候下企业负责人值班值守制度，提高事故预防和应急保障能力。建立与周边村镇的应急响应机制，完善抢险应急预案，为下游居民和重要设施安全提供有效的应急保障。

依据11 《国务院关于进一步加强企业安全生产工作的通知》

中第十六条规定：建立完善企业安全生产预警机制。企业要建立完善安全生产动态监控及预警预报体系，每月进行一次安全生产风险分析。发现事故征兆要立即发布预警信息，落实防范和应急处置措施。对重大危险源和重大隐患要报当地安全生产监管监察部门、负有安全生产监管职责的有关部门和行业管理部门备案。涉及国家秘密的，按有关规定执行。

依据 12 《国务院关于进一步加强企业安全生产工作的通知》中第十七条规定：完善企业应急预案。企业应急预案要与当地政府应急预案保持衔接，并定期进行演练。赋予企业生产现场带班人员、班组长和调度人员在遇到险情时第一时间下达停产撤人命令的直接决策权和指挥权。因撤离不及时导致人身伤亡事故的，要从重追究相关人员的法律责任。

【知识拓展】

问题 1：应急救援、应急救援预案、应急救援系统、应急计划、应急资源分别指什么？

答：1. 应急救援，指在发生事故时采取的消除、减少事故危害，防止事故恶化，最大限度降低事故损失的措施。

2. 应急救援预案，指根据预测危险源、危险目标可能发生事故的类别、危害程度而制定的事故应急救援方案。

3. 应急救援系统，指负责事故预测、报警接收、应急计划的制订、应急救援行动的开展、事故应急培训和演习等事务，由若干机构组成的工作系统。

4. 应急计划，是指用于指导应急救援行动的关于事故抢险、医疗急救和社会救援等的具体方案。

5. 应急资源，指在应急救援行动中可获得的人员、应急设备、工具及物资。

问题 2：应急指挥部、应急总指挥、应急人员分别指什么？

答：1. 应急指挥部，是指应急反应组织管理、应急反应活动的主要场所。

2. 应急总指挥，是指在紧急情况下负责组织实施应急反应预案的人。

3. 应急人员，是指所有在紧急情况下负有某一职能的应急工作人员。

问题 3：尾矿库建立应急预案的目的是什么？

答：尾矿库建立应急预案的目的是：预防尾矿库事故，加强尾矿库安全管理和事故灾难应急响应程序，建立统一指挥、分级负责、反应快捷的应急工作机制，及时有效地开展应急救援工作，最大程度地减少人员伤亡和财产损失，保护环境。

问题 4：尾矿库应急预案的工作原则是什么？

答：尾矿库应急预案的工作原则如下：

1. 以人为本，安全第一

把保障下游城镇居民生命财产安全，预防和减少尾矿库事故灾难造成的人员伤亡放在首位，切实加强应急救援人员的安全防护，建立兼职应急救援力量并发挥其作用。

2. 统一领导，分级负责

在公司安全生产委员会统一领导下，安全管理部负责指导、协调尾矿库事故灾难应急救援工作。各部门、单位按照各自职责和权限，负责尾矿库事故的应急管理和应急处置相关工作。

3. 依靠科学，依法规范

充分发挥专业技术的作用，实行科学民主决策。依靠科技进步，采用先进技术，完善应急救援的装备、设施和手段，提高应急处置技术和水平。

4. 预防为主，演战结合

贯彻落实“安全第一、预防为主、综合治理”的方针，做好应对事故的思想准备、预案准备、物资和工作准备。定期开展应急预案演练，加强部门协调配合，建立联动机制。将日常管理和应急救援工作相结合，做到常备不懈。

问题5：事故实施抢险救援的过程中，要注意哪些问题?

答：事故实施抢险救援的过程中，应注意如下问题：

1. 迅速组织事故发生地或险情威胁区域的群众撤离危险区域，维护社会治安，做好撤离群众的生活安置工作。

2. 封锁事故现场和危险区域，设置警示标志，同时设法保护周边重要生产、生活设施，防止引发次生的安全或环境事故。

3. 事故现场如有人员伤亡，立即动员调集当地医疗卫生力量开展医疗卫生救援。

4. 按照事故应急救援装备保障方案，紧急调集相关应急救援设备。

5. 掌握事故发生地气象信息，及时制定科学的事故抢救方案并组织实施。

6. 做好现场救援人员的安全防护工作，防止救援过程中发生二次伤亡。

7. 保护国家重要设施和目标，防止对江河、湖泊、交通干线等造成影响。

问题6：应急救援与保障包括哪些内容?

答：应急救援与保障包括如下内容：

1. 应急救援装备保障

尾矿库所属单位按照有关规定配备尾矿库事故应急救援装备。有关单位和地方各级人民政府根据本单位、本地区尾矿库事故救援的需要与特点，储备必要的装备，依托现有资源，合理布局并补充完善应急救援力量。应急指挥中心对可供应急响应使用的特种应急救援装备和存放单位统一登记、建档，建立完善的保障措施。

2. 应急救援队伍保障

尾矿库事故应急救援队伍以尾矿库所属单位的专业应急救援队伍为基础，按照有关规定配备应急救援人员、装备，开展培训、演练，做到反应快捷，常备不懈，并与有关施工单位签订协议，必要时，调动其参加救援。

3. 物资保障

公司按照有关规定储备应急救援物资。应急响应时所需物资的调用遵循“服从调动、服务大局”的原则，保证应急救援的需求。必要时，报告县人民政府依据有关法律法规及时动员和征用社会物资。

4. 交通运输保障

事故发生地人民政府组织和调集足够的交通运输工具，为应急救援工作提供交通运输保障。公安机关依法对事故现场进行交通管制，确保应急救援车辆优先通行。

5. 医疗卫生保障

事故发生地省、市（地）、县三级卫生行政部门依据《国家突发公共事件医疗卫生救援应急预案》的要求，分级响应，积极开展医疗卫生救援工作，组织指挥卫生应急队伍和当地医疗卫生机构进入事故现场开展医疗卫生救援，并根据事故造成人员健康受伤害的特点，组织落实医疗卫生救援物资，安排医疗机构负责后续治疗。

6. 治安保障

事故发生地人民政府组织事故灾难现场治安警戒和治安管理，加强对重点地区、重点场所、重点人群、重要物资和设备的保护，维持现场秩序，及时疏散群众；动员和组织群众开展群防联防，组织公安部门做好治安保卫工作。

7. 环境保护保障

事故发生地省级环境保护部门负责应急处置工作中的环境保护保障工作，组织协调各级环境保护机构开展应急监测工作，提出应急处置建议。

8. 气象保障

在应急响应状态下，当地气象部门应负责应急处置工作中的气象保障工作，为应急救援工作提供所需气象资料和技术支持。必要时，组织协调相关气象部门开展现场监测，提供现场观测资料和气象服务信息，提出应急处置建议。

问题7：尾矿库主要危害有哪些？

答：尾矿库在服务年限内主要有溃坝、垮坝、洪水漫坝、滑坡、渗漏及排水构筑物垮塌等危险有害因素。

1. 溃坝垮坝

由于泄洪能力不足，质量问题（主要表现为坝体渗漏、坝体滑坡、基础渗漏、排水管渗漏、排水系统质量问题等），管理不当（主要表现为超蓄、维护运行不良、排水斜槽处筑埝不及时拆除、无人管理）等原因造成溃坝、漫坝等。

溃坝垮坝不仅使工程本身遭受损失，更严重的是给尾矿库下游人民生命财产和经济建设造成损失，有的甚至造成毁灭性的灾害。

2. 洪水漫坝

如果所在区内降雨量充沛，尾矿库汇水面积较大，一旦出现暴雨，很容易形成冲击力、破坏力很强的山洪。如果尾矿库的防洪标准过低，或者因管理原因造成调洪库容被挤占，排洪系统遭到破坏等，都有可能造成洪水不能及时排出，而导致洪水从坝顶溢出，造成对坝体的破坏。

3. 滑坡

滑坡的产生受人类活动影响，如不适当地开挖坡脚、不适当地在坡体上方堆载、矿山不合理开采、大爆破、由于坡体灌水等，均可能诱发滑坡。

尾矿库可能产生的滑坡危害主要为坝体滑坡、塌坑和岸坡滑塌，尾矿堆积坝位置的坝身在外力条件以及自身的力学性质发生改变时都有可能产生滑坡、塌方等，尾矿库两侧山体在外力条件发生改变时，也可能导致产生滑坡等不良地质作用。

4. 渗漏

渗漏包括坝基渗漏、坝体渗漏、坝头绕渗、库内渗漏、其他建筑物渗漏等，主要发生于坝基、坝体与山体接触带以及坝体等处。

5. 管涌

管涌包括坝身管涌与地基管涌，轻微的管涌可能导致渗漏等环境污染事件，如果继续发展，则有可能导致溃坝等。

6. 排水构筑物垮塌危害

排水构筑物包括排水井、排水涵管等，其稳定性关系到整个尾矿库的安全，如果排水构筑物的强度、岩体稳定性等达不到设计要求而发生垮塌，尤其是排水隧洞有可能发生冒顶等事故，就会导致排水系统不能正常使用，甚至完全报废，而使库内积水不能正常排出，造成库内水位升高，浸润线抬高等，如果采取措施不当，则可能导致漫坝、溃垮等事故。

【案例适用】

案例　紫金矿业水银洞金矿尾矿库“12·27”溃坝事故

（一）事故经过

贵州紫金矿业股份有限公司 2001 年 12 月依法成立，尾矿库于 2001 年建设，2003 年 8 月建成投产，2005 年 8 月取得安全生产许可证，现采用地下开采方式。尾矿库设计库容为 46.5 万 m^3，现堆积库容量约为 23.5 万 m^3，主坝设计高度为 37 m，现高为 33.6 m。

筑坝方式为上游式，库型为山谷型，属 4 等库。

2006 年 12 月 27 日 12:20，贵州紫金矿业股份有限公司贞丰县水银洞金矿尾矿库子坝发生塌溃事故，约 20 万 m^3 尾矿下泄，造成 1 人轻伤，下游 2 座水库受到污染，其中，约 17 万 m^3 尾矿排入小厂水库（废弃水库），3 万 m^3 尾矿溢出小厂水库后进入白坟水库（农灌水库）。

（二）事故分析

1. 直接原因

该尾矿库子坝加高至 1 388.6 m（标高）左右高程（第九级）时，干滩长度仅 14 m，此时推土机、履带式挖掘机各一辆在子坝上进行平整作业，在机械扰动下，造成子坝下的尾矿液化，子坝失稳垮塌约 130 m，尾矿浆流淌冲毁 2～9 级堆筑的子坝。

违反了《尾矿库安全管理规定》第二十二条规定：尾矿筑坝必须有足够的安全超高、沉积干滩长度和下游坝面坡度。

违反了《尾矿库安全监督管理规定》第六条规定：生产经营单位主要负责人和安全管理人员应当依照有关规定经培训考核合格并取得安全资格证书。

直接从事尾矿库放矿、筑坝、巡坝、排洪和排渗设施操作的作业人员必须取得特种作业操作证书，方可上岗作业。

2. 间接原因

经初步调查，该尾矿库存在的主要问题是：违规超量排放尾矿，库内尾砂升高过快，尾砂固结时间缩短；干滩长度严重不足；事故应急处理不到位。

违反了《尾矿库安全监督管理规定》第二十四条规定：尾矿库出现下列重大险情之一的，生产经营单位应当按照安全监管权限和职责立即报告当地县级安全生产监督管理部门和人民政府，并启动应急预案，进行抢险：

（一）坝体出现严重的管涌、流土等现象的；

（二）坝体出现严重裂缝、坍塌和滑动迹象的；

（三）库内水位超过限制的最高洪水位的；

（四）在用排水井倒塌或者排水管（洞）坍塌堵塞的；

（五）其他危及尾矿库安全的重大险情。

（三）事故教训

尾矿库事故对群众生命财产安全和环境安全构成严重威胁，各地应高度重视。为认真吸取事故教训，加强安全生产和尾矿库监管工作，应采取以下有力措施，避免同类事故再次发生：

1. 经常开展尾矿库安全生产检查，排查事故隐患

各地要经常组织开展尾矿库安全生产大检查，针对企业尾矿库现状和特点，认真检查企业贯彻落实《尾矿库安全监督管理规定》（国家安全监管总局令第6号）、环保总局、安全监管总局《关于防范尾矿库垮塌引发突发环境事件的通知》（环发〔2006〕132号）、安全监管总局《印发关于进一步加强尾矿库安全监管工作指导意见的通知》（安监总管一〔2006〕120号）和《尾矿库安全技术规程》（AQ 2006—2005）的情况；尾矿库安全管理建章立制情况；尾矿库安全评价和取得安全生产许可证情况；“三同时”制度的执行情况；重要尾矿库（二、三等库，危库、险库，含有毒有害污染物和尾矿库下游有居民或重要设施的尾矿库）的隐患排查整改和监控情况等。对不按规定整改落实的企业，各级安全监管部门要依法下达停产整顿指令，限期整改，坚决消除各种事故隐患，遏制重特大事故发生。

2. 切实做好尾矿库安全监管的基础工作

各级安全监管部门要做好尾矿库情况调查工作，掌握尾矿库的基本安全状况，尤其要摸清含有毒有害污染物和尾矿坝下游有居民或重要设施的尾矿库情况。要按照《尾矿库安全技术规程》（AQ

2006—2005）中划定的技术标准，确定等级、安全度等，建立和完善尾矿库基本状况数据库，并实行动态跟踪监管，为尾矿库的安全监管工作打好基础。

3．加强应急管理工作

各相关企业要认真制定尾矿库泄漏和溃坝事故的应急预案，编制有针对性和操作性的事故应急处置预案，做好尾矿库泄漏事故应急处置的培训和应急救援预案的演练工作，提高应对突发事件，特别是含有毒有害物质的尾矿泄漏事故的处理、应变能力和应急响应速度。

各地安全监管部门要与环保部门建立联动机制，一旦发生了尾矿库垮塌引发突发环境事件，应立即采取应急措施，争取在最短的时间内，把对环境的影响降至最低程度。

4．认真落实企业安全生产主体责任

各企业要切实落实安全生产主体责任，强化企业法定代表人负责制，要高度重视尾矿库的安全生产管理工作，将尾矿库及尾矿设施作为重大危险源，加大安全管理力度，提到重要工作日程。要严格执行《尾矿库安全技术规程》（AQ 2006—2005），制定完备的安全生产规章制度和操作规程，设置相应的安全管理机构和配备合格的安全管理人员，从事放矿、筑坝、排洪和排渗设施操作的专职作业人员必须取得特种作业人员资格证书后方可上岗作业。要加大隐患排查和整改力度，特别要加强对尾矿库的排洪、泄洪设施的维护，确保排洪道的畅通，保证尾矿库安全运行所必需的调洪库容和干滩长度。

5．严肃事故调查处理

各级安全监管部门对已发生的重大事故，要按照“四不放过”原则，认真查明事故原因，严肃处理有关责任人员，公开处理结果，督促相关企业举一反三，落实防范措施，防止同类事故再次发生。